特种设备检验与安全管理

宋晓春　毛春浩　邹世雄　主编

延边大学出版社

图书在版编目（CIP）数据

特种设备检验与安全管理 / 宋晓春，毛春浩，邹世雄主编. -- 延吉 ：延边大学出版社, 2023.11

ISBN 978-7-230-05917-6

Ⅰ. ①特… Ⅱ. ①宋… ②毛… ③邹… Ⅲ. ①设备－检验－研究②设备安全－安全管理－研究 Ⅳ. ①TB4 ②X93

中国国家版本馆CIP数据核字(2023)第222782号

特种设备检验与安全管理

主　　编：宋晓春　毛春浩　邹世雄
责任编辑：董　强
封面设计：文合文化
出版发行：延边大学出版社
社　　址：吉林省延吉市公园路977号　　邮　　编：133002
网　　址：http://www.ydcbs.com　　E-mail：ydcbs@ydcbs.com
电　　话：0433-2732435　　传　　真：0433-2732434
印　　刷：三河市嵩川印刷有限公司
开　　本：710×1000　1/16
印　　张：12
字　　数：240 千字
版　　次：2023 年 11 月 第 1 版
印　　次：2024 年 1 月 第 1 次印刷
书　　号：ISBN 978-7-230-05917-6

定价：65.00元

编 写 成 员

主　　编：宋晓春　毛春浩　邹世雄

副 主 编：马士杰　李震田　关志强　孙动廷

　　　　　王　涛　吴显旗　孟伟强

编　　委：吕海峰

编写单位：辽宁省检验检测认证中心

　　　　　山东省轻工工程学校

　　　　　德州市产品质量标准计量研究院

　　　　　滨州市政务服务中心

　　　　　沈阳特种设备检测研究院

　　　　　国能长源随州发电有限公司

　　　　　山东能源内蒙古盛鲁电力有限公司

　　　　　百色市检验检测中心

　　　　　潍坊市特种设备检验研究院

　　　　　威海市和谐硅业有限公司

前　言

随着我国对特种设备研究的不断深入，相关的开发手段与开发技术也实现了进一步的发展与创新。不过，这也在很大程度上使特种设备的管理与检验工作难度有了明显增加，在操作管理方面也存在不少风险因素。因此，就目前的实际情况来说，相关工作人员的风险意识具有非常重要的作用。

本书共七章。第一章为特种设备安全管理相关概念与理论介绍，第二章就特种设备检验社会化背景下的安全管理进行论述，第三章以机电类为例，对特种设备检验的保证率进行探讨，第四章是对特种设备安全管理系统的分析、设计与实现的介绍，第五章详细分析了特种设备安全多元共治模式与协同度，第六章以J省为例，分析了风险管理视域下特种设备安全管理问题，第七章详细介绍了企业特种设备安全管理制度与政府安全规制的衔接机制。

《特种设备检验与安全管理》全书字数24万余字。该书由辽宁省检验检测认证中心宋晓春、山东省轻工工程学校毛春浩、德州市产品质量标准计量研究院邹世雄担任主编。其中第二章、第四章第一节、第二节、第三节及第五章第一节、第二节、第三节由主编宋晓春负责撰写，字数10万余字；第一章、第三章第三节、第四节、第六章及第七章由主编毛春浩负责撰写，字数8万字；第三章第一节、第二节、第四章第四节、第五节及第五章第四节、第五节、第六节由主编邹世雄负责撰写，字数6万余字。副主编由滨州市政务服务中心马士杰、山东省轻工工程学校李震田、沈阳特种设备检测研究院关志强、国能长源随州发电有限公司孙动廷、山东能源内蒙古盛鲁电力有限公司王涛、百色市检验检测中心吴显旗、潍坊市特种设备检验研究院孟伟强担任、编委由威海市和谐硅业有限公司吕海峰担任，并负责全书统筹，为本书出版付出大量努力。

在写作过程中，笔者参阅了相关文献资料，在此，向其作者深表谢忱。由于水平有限，本书的疏漏和缺点在所难免，希望得到广大读者的批评指正，并衷心希望同行不吝赐教。

笔者

2023 年 7 月

目　　录

第一章　特种设备安全管理的相关概念与理论

第一节　特种设备安全管理的相关概念

一、特种设备

《中华人民共和国特种设备安全法》（以下简称《特种设备安全法》）规定，特种设备是指对人身和财产安全有较大危险性的锅炉、压力容器（含气瓶）、压力管道、电梯、起重机械、客运索道、大型游乐设施、场（厂）内专用机动车辆，以及法律、行政法规规定适用本法的其他特种设备。

根据工作原理和构造的不同，特种设备可分为承压类和机电类两大类。承压类特种设备是指承载一定压力的密闭设备或管状设备，包括锅炉、压力容器（含气瓶）、压力管道，而机电类特种设备则是沿着固定导轨进行机械运动而且通常需要用电作动力来源的设备，包括电梯、起重机械、客运索道、大型游乐设施和场（厂）内专用机动车辆。

（一）承压类特种设备

1.锅炉

锅炉是指利用各种燃料、电或者其他能源，将所盛装的液体加热到一定的参数，并通过对外输出介质的形式提供热能的设备，其范围规定为设计正常水位容积大于或者等于 30 L，且额定蒸汽压力大于或者等于 0.1 MPa（表压）的承压蒸汽锅炉；出口水压大于或者等于 0.1 MPa（表压），且额定功率大于或者等于 0.1 MW 的承压热水锅炉；额定功率大于或者等于 0.1 MW 的有机热载体锅炉。

2.压力容器

压力容器是指盛装气体或者液体，承载一定压力的密闭设备，其范围规定为最高工作压力大于或者等于 0.1 MPa（表压）的气体、液化气体和最高工作温度高于或者等于标准沸点的液体、容积大于或者等于 30 L 且内直径（非圆形截面指截面内边界最大几何尺寸）大于或者等于 150 mm 的固定式容器和移动式容器；盛装公称工作压力大于或者等于 0.2 MPa（表压），且压力与容积的乘积大于或者等于 1.0 MPa•L 的气体、液化气体和标准沸点等于或者低于 60 ℃液体的气瓶；氧舱。

3.压力管道

压力管道是指利用一定的压力，用于输送气体或者液体的管状设备，其范围规定为最高工作压力大于或者等于 0.1 MPa（表压），介质为气体、液化气体、蒸汽或者可燃、易爆、有毒、有腐蚀性、最高工作温度高于或者等于标准沸点的液体，且公称直径大于或者等于 50 mm 的管道。公称直径小于 150 mm，且其最高工作压力小于 1.6 MPa（表压）的输送无毒、不可燃、无腐蚀性气体的管道和设备本体所属管道除外。其中，石油天然气管道的安全监督管理还应按照《中华人民共和国安全生产法》《中华人民共和国石油天然气管道保护法》等法律法规实施。

（二）机电类特种设备

1.电梯

电梯是指动力驱动，利用沿刚性导轨运行的箱体或者沿固定线路运行的梯级（踏步），进行升降或者平行运送人、货物的机电设备，包括载人（货）电梯、自动扶梯、自动人行道等。非公共场所安装且仅供单一家庭使用的电梯除外。

2.起重机械

起重机械是指用于垂直升降或者垂直升降并水平移动重物的机电设备，其范围规定为额定起重量大于或者等于 0.5 t 的升降机；额定起重量大于或者等于 3 t（或额定起重力矩大于或者等于 40 t•m 的塔式起重机，或生产率大于或者等于 300 t/h 的装卸桥），且提升高度大于或者等于 2 m 的起重机；层数大于或者等于 2 层的机械式停车设备。

3.客运索道

客运索道是指动力驱动，利用柔性绳索牵引箱体等运载工具运送人员的机电设备，包括客运架空索道、客运缆车、客运拖牵索道等。非公用客运索道和专用于单位内部通勤的客运索道除外。

4.大型游乐设施

大型游乐设施是指用于经营目的，承载乘客游乐的设施。其范围规定为设计最大运行线速度大于或者等于 2 m/s，或者运行高度距地面高于或者等于 2 m 的载人大型游乐设施。用于体育运动、文艺演出和非经营活动的大型游乐设施除外。

5.场（厂）内专用机动车辆

场（厂）内专用机动车辆是指除道路交通、农用车辆以外仅在工厂厂区、旅游景区、游乐场所等特定区域使用的专用机动车辆。场（厂）内专用机动车辆主要包括叉车和非公路用旅游观光车辆。

二、安全管理

安全管理是指政府有关部门为了保障广大公民的生命安全，维护社会安全稳定的局面，借由行政力量和手段，对公共区域的生产经营活动进行监督与管控的一种特别行为。安全管理具有明显的强制性特点，实施主体通常是行政机构及其工作人员，客体一般是企业、个体工商户等各类市场主体。

安全管理通常有制约、参与、预防、反馈、保障五项基本功能。具体来说，制约功能是指执法部门依据法律对管理对象的安全状况进行检查时，管理对象必须配合，执法部门在发现管理对象有严重的安全隐患时会采取查封等相应强制手段，以此制约管理对象的相关活动。参与功能指管理部门、管理对象以及社会大众都会直接或间接地参与到管理活动中。预防功能是管理的出发点和目的，人们可以通过管理发现安全隐患，及时采取有效处置措施，从而避免安全事故发生。反馈功能是指管理部门将安全隐患反馈给管理对象，以便管理对象能够明确问题所在并进行整改。保障功能是指有效的安全管理能够更好地保障人民群众享有安全的环境。

三、特种设备安全管理

特种设备安全管理是指各级市场管理部门，为确保特种设备安全使用而实施的公共决策、组织、协调和监督检查等全部活动的总称。当前，我国对特种设备的管理模式主要是行政登记、监督检查和法定检验三者相结合，对特种设备从设计、安装到使用、检验，以及报废、注销各个环节实行全过程、全寿命周期的安全管理。在所有管理环节当中，对特种设备使用的执法检查是最关键的工作内容之一。特种设备安全管理主要有防范事故发生和出现事故后进行调查处理两大职能。

第二节　特种设备安全管理的相关理论

随着社会经济的快速发展，特种设备的使用范围越来越广，数量越来越多，它的安全直接关系到民众的生命安全。特种设备在使用过程中有速度快、压力大、温度高等特点，通常具有较大的风险性。为了及时、有效地消除安全隐患，打击违法使用行为，保障广大人民的生命安全和财产安全，必须做好特种设备的安全管理工作。

一、事故致因理论

事故致因理论是指通过分析大量事故发生的背景、经过、产生的后果和危害等要素，推断诱发事故发生的根本原因、关键风险点等，以总结经验，便于管理者针对易发生事故的重点环节进行精准管控，达到预防事故发生的目的。

海因里希（H. W. Heinrich）将引发事故的五大因素，即“遗传及社会环境”“人的失误”“人类的不安全行为和物的不安全状态”“事故”“伤害”比喻成并列竖立的5块多米诺骨牌，一块骨牌被碰倒了，则将发生连锁反应，其余的几块骨牌就会相继被碰倒。如果移去其中的一块骨牌，则会破坏连锁反应，事故过程被中止。这就是著名的多米诺骨牌理论。该理论认为，伤亡事故的出现并不仅仅是因为发生了一个单独的事件，虽然它的危害可能是在某个瞬间忽然出现的，却是一系列有关联的因素连续发生的后果，强调了事故的发生是带有较大因果关系的关联事件产生连锁反应的过程，人的不安全行为和物的不安全状态是导致事故发生的两个极为重要的诱因。

依据该理论，特种设备安全管理部门应当一方面加强安全隐患排查，及时发现并消除安全隐患苗头，以防范重大事故发生；另一方面要抓住关键环节，将重点放在加强对特种设备作业人员和特种设备安全状况的管理上。

二、公共治理理论

20 世纪 90 年代以来，治理逐渐成为公共管理的核心概念。研究者一般将治理解读成上下交互性的管理过程，认为它主要运用合作、协商、伙伴关系、确立相同目标等形式实行对公共事务的管理。

公共治理被用在公共行政领域时，一般是指政府部门、社会团体和民营机构等联手组合而成自组织网络，共同开展公共事务管理工作，按照共同建设、共同享有的原则，努力实现公共利益最大化。该理论以市场化和管理主义为政策取向，更加关注政府治理行为的效率、效果，强调结果导向和顾客导向。该理论认为，政府应当实现从“划桨”到“掌舵”的转变，希望政府善于分权和授权，将重点放在做自己应该做和能够做好的事上，通过简政放权、优化服务建立有限型政府和服务型政府。此外，公共治理理论更重视行业协会、民间团体等非政府组织的作用。

第二章　特种设备检验社会化背景下的安全管理

第一节　特种设备检验社会化的基本概念与理论

随着特种设备检验需求的不断增长，特种设备检验社会化成为必然的趋势。这既是转变政府职能，提高社会公共管理水平的需要，也是发挥市场机制，促进特种设备检验服务专业化发展的需要。

一、特种设备检验社会化的基本概念

（一）特种设备检验

特种设备检验就是为确保特种设备的安全运行，对其整体情况进行检查、核验的过程。鉴于特种设备使用过程中的危险性，为了确保安全生产，世界各国都一致规定对使用中的特种设备进行定期的、必要的检验。根据我国相关部门的规定，特种设备检验必须由指定的具有检验资格的特种设备检验机构进行，且检验的项目必须符合特种设备检验机构的检测项目范围。特种设备检验机构在政府部门赋予的权限内，通过各种专业设备，对特种设备的质量和运转

情况进行鉴定、检验，并根据相应的标准和要求，出具具有法律效力的检验报告和鉴定结果。特种设备检验机构对检验的结果负有法律责任。

由于特种设备关系到群众的生命和财产安全，因此我国高度重视特种设备的检验工作，无论是在特种设备的设计阶段、型式试验阶段、生产制造阶段、安装验收阶段，还是在特种设备运行阶段，都会进行严格的检验。按照我国相关质检部门的规定，特种设备的检验主要分为一般监督检验检测和定期监督检验检测。一般监督检验检测包括型式试验、装验收检验等法律规定必须进行检查的环节。例如，在锅炉生产设计过程中，必须对设计的方案、样品进行检验，以确保设计符合安全生产要求。在安装之后，还必须对安装进行验收和试运行，确保其能够正常运行。由于锅炉属于损耗型的设备，随着使用时间的增加，其安全性能也有可能发生变化，因此需根据其使用的特点和寿命，对其进行定期的检测。

不同特种设备的性质不同，因此对其检验的形式和内容也存在一定的区别。例如，在电梯安全检验中，既要按照电路安全的有关标准，通过一定的仪器检验电梯的电路控制系统，又要按照电梯质量的检验标准，通过相应的设备和仪器，检验电梯的质量。为了提高特种设备检验的可靠性，我国针对锅炉、电梯等不同的特种设备，制定了《锅炉安装工程施工及验收标准》（GB 50273—2022）、《电梯监督检验和定期检验规则》（TSG T7001—2023）、《电梯安装验收规范》（GB/T 10060—2023）等特种设备检验标准，并明确相关的质量安全要求和标准。

虽然各类特种设备具体的检验检测标准不一样，但是具有以下共同的特点：一是检验的标准和规范必须符合我国安全生产和质量管理的法律法规和行业标准；二是从事特种设备检查检验的工作人员必须是专业人员，必须取得相关的职业资格证书；三是检验的过程必须符合相关检验规范的要求，必须按照流程完成检验过程并出具检验报告。

从特种设备检验的主体来看，特种设备的生产厂家是最基础的检验主体，对特种设备的质量负主要责任。此外，检验机构和特种设备的用户是特种设备检验的重要主体。

从特种设备检验工作的性质来看，鉴于特种设备具有重大的安全隐患，特种设备检验工作呈现强制性、全面性和长期性三大特征。从强制性来看，我国的特种设备在生产、安装、运行过程中的检验工作，不是使用者自愿的行为，而是政府部门规定的强制性行为，是特种设备使用者必须尽到的义务。从全面性来看，特种设备检验不是对其某一方面的检验，而是对其进行的全方位的检验，确保其能够安全、正常运行。从长期性来看，特种设备检验不是一次性的工作，而是在特种设备使用寿命内需长期进行的工作。

（二）特种设备检验社会化

特种设备检验社会化是适应特种设备数量不断增加、特种设备适用领域更加广泛的局面的重要对策，是提升我国特种设备检验水平的重要举措。根据国际特种设备检验工作经验来看，特种设备检验社会化成为必然的发展趋势。

特种设备检验的社会化不同于特种设备检验的市场化。我国传统的特种设备检验工作主要由质检部门或者质检部门下设的质检机构进行，由于特种设备使用数量的增加和使用范围的扩大，由政府直接实施的检测工作已经无法满足特种设备检验的需求，因此必须放开特种设备检验市场，借助市场的力量，引入市场资源，实现特种设备检验服务资源的优化配置。同时，特种设备检验社会化，并非要求政府放弃对特种设备的管理或者削弱政府对特种设备的管理力度，而是通过转变政府管理形式来进一步强化管理职能，提升特种设备检验的水平。

二、特种设备检验社会化的基本理论

在建立新型检验机构及管理机构的关系模型的过程中，笔者根据现有的特种设备检验机构社会化改革的需求，以及管理机构和检验机构之间的关系，采用了新公共管理理论、协同治理理论。

（一）新公共管理理论

新公共管理理论是基于市场经济形成的新型的政府公共管理理论，其核心内容是把现代经济学作为理论的基础，大量运用市场化的手段，最大限度发挥市场功能，利用市场的竞争机制和效率机制改善公共管理。在管理特种设备检验机构的过程中，政府部门应运用新公共管理理论推动行政管理资源的优化配置，使政府公共行政由“管治行政”转为“服务行政”，让行政权力和行政行为从属于行政服务，从而改善管理方式、提高管理效能。

（二）协同治理理论

协同治理是一种社会公共事务的管理模式，也是自然科学协同理论和社会科学治理理论的交叉理论。协同治理是指在一个既定的范围内，政府、经济组织、社会组织和社会公众等以维护公共利益为目标，以既存的法律法规为共同规范，在政府主导下，通过广泛参与、平等协商、通力合作和共同行动等形式，共同管理社会公共事务的过程，以及在这一过程中所采用的各种方式的总和。协同治理理论将社会各方面的力量整合起来，协同开展社会管理活动，解决了社会管理中到底是“能人管理”“政府管理”，还是“社会管理”“公共管理”等问题。

第二节　我国特种设备检验机构的安全管理分析及相应的管理矛盾

一、我国特种设备检验机构的安全管理分析

由于受经济发展水平等的限制，我国关于特种设备的检验和管理起步较晚。1955 年，锅炉、起重机等设备被列入首批特种设备检验、管理名单。此后，各种特种设备被陆续列入管理体系。目前，我国已经形成涵盖 8 个类别的特种设备管理名录，涉及特种设备的设计、生产、安装、检验的各个环节，并制定了《特种设备安全法》《特种设备安全监察条例》，通过严格的规范和标准化的管理，改进政府部门的管理工作。

（一）特种设备检验机构的组织结构

在论述我国特种设备检验机构的管理现状之前，有必要弄清楚我国特种设备检验机构的组织结构，通过了解组织结构，我们能更清楚地理解特种设备检验的流程。特种设备检验机构的认证和授权工作由质检部门进行，根据特种设备检验机构的技术水平和服务范围，质检部门授予相应的特种设备检验机构核准证。

由于技术水平、服务范围不同，特种设备检验机构的级别也不一样，根据质检部门认证的类型可以分为三大类，即甲类机构、乙类机构和丙类机构。其中，甲类机构可以从事各级特种设备的检验工作，不受检验范围的限制。乙类机构和丙类机构受到省级质检部门的管理，只能在省级质检部门限定的区域内进行检验工作。

（二）特种设备检验机构的管理流程

我国特种设备检验管理的主体是政府部门，其最高的行政单位是国家市场监督管理总局。在国家市场监督管理总局之下，各省相应设有特种设备检验机构的管理部门，负责管理各自区域内的特种设备检验机构。根据质检部门不同的级别和权限，其管理的范围不同。

1.质检部门直接受理特种设备检验工作的流程

在质检部门和检验机构尚未分离的情况下，质检部门的管理工作包括下达检测任务、检测问题通报、检测报告审批、检测整改等多个环节。这种模式虽然具有较强的管理效力，但是由于一体化的管理，在很多关键环节难以杜绝部分违规行为，检验机构所出具的检验报告质量也参差不齐。

2.第三方机构开展特种设备检验工作的流程

特种设备的检验机构并不隶属于质检部门，而是独立的第三方机构，受到政府或者客户的委托，独立开展检验工作。在这种社会化的检验服务模式下，质检部门直接推出了检验服务的专业流程，其管理工作主要分为以下两个方面：一是对质检机构的认证，确保质检机构有进行检验服务的能力；二是对质检的结果进行专业性审查，确保检验结果真实、准确。

（三）特种设备检验机构的安全管理现状

在国家特种设备检验社会化的政策主导下，第三方检验机构迅速发展。政府部门对特种设备检验机构的管理也发生了巨大的变化：由仅仅对单一的特种设备检验认证机构的管理，变成了对特种设备检验机构综合性服务的管理；由对政府主导的公有制特种设备检验机构的管理，变成了对公有制机构和非公有制特种设备检验服务企业的共同管理；由对政府主导的特种设备检验机构和检验活动的管理，变成了对指定的专业服务机构和各类专业外包服务机构的双重管理。在特种设备检验社会化环境下，管理部门为加强管理采取了很多有力的举措，管理流程越来越规范、管理范围越来越广泛、管理执法越来越严格、管理方式越来越多样。

传统的特种设备检验机构管理，主要采取的是以行政层级管理为主的管理模式，注重行政工作方面的管理，对检验机构的专业能力、技术水平、服务水平的管理力度不够。在特种设备检验市场化的环境下，质检部门的管理方式逐渐由单一的行政主管变成以业务主管为主、以行政主管为辅的管理方式。对于部分强制性检验业务和国有的特种设备检验机构，依然存在行政管理的管理方式，对于第三方机构，则完全注重业务上的管理，通过对强制性检验以外的各种民事行为的检验监督提升特种设备检验机构的管理水平。

传统的特种设备检验机构管理通常采用报审申请、审核批准的单一模式，并由质检部门的工作人员到现场对需检验的设备进行核查，费时又费力。在信息技术的支持下，我国已经初步建立信息化的管理平台，直接通过网上平台的申报、审批就能完成特种设备检验工作，不仅大大提高了检验工作的效率，也提高了管理工作的效率。同时，对于第三方检验机构，质检部门的管理和执法过程也更为严格，管理的范围从简单的事后管理，发展成为事前、事中、事后管理相结合的三级管理，执法过程涉及机构的设立、经营全过程。

二、相应的管理矛盾

（一）管理意识不到位，服务水平不高

质检部门对各类特种设备检验服务机构的管理，既是一种管理，也是一种服务，目的是通过有效的管理和服务，促进特种设备检验社会化发展，提升特种设备检验行业发展水平。但是，在实际的管理过程中，部分质检部门、地方政府局限于传统的政府行政管理思维，重管理、轻服务，重行政命名、轻市场

规律，影响了特种设备检验社会化发展水平。具体来说，表现在以下三个方面：

第一，思想认识转变不到位。从提供检验服务，到管理、服务管理机构，这是特种设备检验社会化变革中政府管理部门的最大变化，还有部分政府管理部门认识不到特种设备检验社会化的意义，没有认识到提高特种设备检验社会化发展水平符合人民群众日益增长的需求这一现状，仍然将自己定位为主管的角色，出于地方利益保护的思维，在政策制定、审批、注册、认证等环节设置重重关卡，阻碍社会力量进入特种设备检验领域。

第二，政府职能改革不到位。虽然很多地方已经认识到特种设备检验机构社会化的重要意义，但是由于政府职能改革进展缓慢，不能及时清除阻碍特种设备检验机构社会化发展的因素，不能及时制定鼓励特种设备检验机构社会化发展的优惠政策，导致检验机构受到政策、资金、技术等各方面的限制，发展缓慢。

第三，市场规律运用不到位。正确运用市场规律，依靠市场进行资源配置，是有效解决特种设备检验社会化发展中遇到的问题的重要途径。但是，少数地区在推动检验机构社会化过程中不尊重市场规律，依然采取政府指定检验机构、政府推荐检验机构等方式，影响了公平竞争，导致市场机制的作用发挥不够，未有效建立多元共治格局，检验机构社会化发展的水平不高。

（二）管理体系不完善，管理漏洞较多

对特种设备检验机构的管理工作还存在另一个重要问题，那就是现有管理体系还不够完善。有效的管理体系是提升特种设备检验机构管理水平的基础。管理体系建设是与检验机构社会化发展同步进行的，但是行政体系的建设往往要慢于市场配置的速度，面对越来越多的第三方特种设备检验机构，需要建立与之配套的管理体系。对特种设备的安全管理能力和检验能力与设备快速增长的客观需要不适应，特种设备管理方式与市场经济条件下安全工作的需要不适

应，导致部分社会检验机构面对激烈的市场竞争和巨大的利益时，放弃了自己的责任，出现很多违规行为。以强制性检验为例，属于强制性检验的设备通常都是由政府主导进行检验的，但是，在检验机构和服务社会化的背景下，部分地区在处理这一问题时认识不清，将检验的责任全部推给了市场，从而导致各种各样的检验质量问题出现。

第三节　我国特种设备检验社会化现状分析及相应的安全管理问题

我国推进特种设备检验社会化，有助于建立更加完善的特种设备管理体系。特种设备管理是我国安全生产管理的重要内容，而特种设备检验又是特种设备管理的核心要素。

一、我国关于特种设备检验社会化的政策背景和目标

（一）特种设备检验社会化的政策背景

特种设备检验社会化的政策背景可以追溯到20世纪80年代。当时，我国检测市场开始逐步开放，检测业务不再由政府机构垄断，而逐渐转变为由市场机构主导。在此过程中，政府不断放宽市场准入条件并稳步推进市场化改革，为我国第三方检验机构的发展创造了良好的政策环境。

随着特种设备数量的不断增加，政府主导的专业质检部门难以有效完成各

种特种设备的检验任务，因此特种设备检验社会化成为必然发展趋势。在这种背景下，我国特种设备检验机构逐渐向社会化过渡，政府通过政策引导、财政支持等方式推动检验机构发展，以满足特种设备安全运行的需求。

近年来，我国对特种设备检验社会化的政策支持力度不断加大。例如，《特种设备安全法》明确规定了特种设备的检验规则和检验周期，并要求检验机构应当取得相应的资质，这为特种设备检验社会化提供了法律保障。此外，政府还通过财政补贴、税收优惠等措施鼓励企业参与特种设备检验社会化进程，进一步推动了特种设备检验市场的发展。

总的来说，我国对特种设备检验社会化的大力推动为特种设备检验社会化提供了良好的环境和条件，同时也对特种设备检验的质量提出了更高的要求。

（二）特种设备检验社会化的目标

特种设备检验社会化的目标主要是提高检验质量和效率，同时降低企业成本。首先，特种设备检验社会化可以促进检验市场的发展，推动检验机构提高服务质量和效率。竞争可以促使检验机构采取更先进的检验技术、更高的检验标准以及更严格的质量控制措施，从而提升整体检验水平。其次，特种设备检验社会化可以减轻企业的负担。企业不再需要建立自己的检验队伍，而可以通过购买社会化服务的方式来替代，这样可以降低企业在设备、人员和管理等方面的投入，节省成本。最后，特种设备检验社会化还可以推动特种设备安全水平的整体提升。检验机构在提供服务的过程中，可以向企业提供专业的技术指导，帮助企业改进设备的安全性能，进而提高整个行业的安全水平。具体来说，可以通过以下四个方面来实现：一是“精选”服务对象。通过对特种设备安全管理人员进行相关培训，选择有条件、有意愿的企业进行合作，确保服务质量。二是“精准”确定任务。明确任务目标、工作内容和措施，确保检验工作的针对性。三是“精挑”服务专家。从专业能力和工作经历等方面综合考量，选出合适的专家作为社会化服务成员，并与其签订工作协议，明确双方的责任和义务。四是“精心”开展工作。在具体工作中，专家应严格落实工作程序和工作纪律，秉持“不放过任何一个漏洞、不丢掉任何一个盲点、不留下任何一个隐患”的工作原则，逐项落实各项社会化服务任务指标。

二、特种设备检验社会化类别

（一）法定监督检验社会化

法定监督检验又被称为强制性检验，是指特种设备管理部门和检验机构，按照法律法规的要求，对列入法定检验名录，必须进行检验的各种设备和其他法定检验物依照检验的要求进行检验。法定监督检验是实现特种设备检验社会化的重要内容，根据现有的实践探索，我国在法定监督检验社会化改革过程中，应该坚持以下三种方式：

一是实行指定检验机构的做法，也就是在推动各地特种设备检验机构改革的基础上，通过指定本地区的检验机构，要求特种设备使用单位通过这些机构进行检验的方式，推动法定监督检验社会化。

二是实行授权模式的做法，即在实施法定监督检验的过程中，由质检部门通过一定的方式进行考核、评审，对具有一定资质、符合法定监督检验技术条件和服务条件的特种设备检验机构给予认证，将它们列入法定监督检验服务机构名单，授权它们可以为需要进行法定监督检验的单位提供检验服务。参与法定监督检验的单位只能选择这些获得授权的部门进行检验并获取检验报告。

三是申请审核的方式。为了增强特种设备检验市场化的活力，充分发挥特种设备检验机构的竞争力，采取申请审核的方式，由被检验的单位向质检部门提出申请，质检部门对被检验单位申请的特种设备检验机构的各项资质进行审核，如符合法定监督检验的要求，即可同意其作为被检验单位的检验服务机构。

（二）定期检验社会化

定期检验是特种设备检验的另一种方式。由于设备类型和使用情况的不同，设备进行定期检验的时间和周期不同。一般情况下，电梯、场（厂）内机动车辆等的检验周期为一年，也就是一年进行一次检验。生产经营单位应当在检验有效期满一个月前向特种设备检验机构申报定期检验。同时，要求这些特种设备的使用单位定期进行自我检查，根据设备的使用频率进行日检、周检或者月检。在推动定期检验社会化进程中，可以采取以下检验方式：

一是实行委托检验。委托检验就是指质检部门通过一定的考核、认证之后，委托某一家质检机构对本辖区的某种类型特种设备进行检验，并定期将检验的结果向质检部门汇报。质检部门通过抽查检验结果确定检验工作的质量。

二是鼓励企业自主选择检验机构。自主选择检验机构是定期检验社会化的有效路径，即企业依法依规将定期检验的需求向质检部门报备，并通过招投标、购买服务等形式，确定为企业提供检验服务的机构，由质检部门审核批准，实施定期检验。

三是积极发展社会公益团体检验。由于定期检验的特种设备大多与人们的生活息息相关，具有很高的社会需求，因此可以鼓励各行业协会、研究机构成立特种设备检验的公益团体，通过开展社会公益服务的方式，自发地对部分特种设备进行检验。例如，针对城市小区不断增多、电梯使用频繁的趋势，可以由技术部门、行业协会、物业等群体组成电梯质检管理服务组织，定期对小区的电梯实行义务检验，从而实现检验的社会化。

四是积极发展行业自检服务。各种特种设备的生产企业和维护单位有责任和义务确保设备的安全。因此，可以支持它们建立本行业的质量检验组织，对本行业内或者本公司生产的产品进行定期的质检，以提高产品和服务的质量。

（三）其他检验社会化

除了法定监督检验、定期检验，在特种设备检验过程中还有其他形式的检验。其他形式的检验与法定监督检验、定期检验相比，具有很大的不确定性，检验的内容、范围和标准也不相同，因此无法事先确定检验机构。推动其他检验的社会化，可以从以下两个方面入手：一是成立特种设备检验专家库。将本地区各个机构、各个检验服务企业的检验技术专家整合在一起，根据需要检验的内容，在专家库内筛选相应的专家，完成检验工作。这既可以提高检验的质量，也可以通过广泛收集人才的方式，提高检验的社会化水平。二是推动检验机构集团化发展。针对各个检验机构技术条件不一、检验项目不同的现状，要提高检验的社会化水平，就必须促进地区检验机构的整合，推动特种设备检验机构集团化发展，进而实现服务项目的拓展和服务能力的提升。

三、特种设备检验社会化在社会实践中的管理问题

（一）特种设备检验社会化政策体系不完善

完善的政策体系是实现特种设备检验社会化的前提和基础。国家虽然出台了一系列的改革政策，部分省份也在省级层面出台了一些改革文件，但是特种设备检验社会化的重点在基层，需要地方相关部门建立与中央、省（市）相应的政策体系，只有这样，才能全面推动特种设备检验社会化。目前的问题是，中央、省级层面动作较大，部分地方层面上没有较多实质性动作。

同时，就各地开展的质检机构集团化改革来说，目前只有部分省份实现了质检机构的集团化改革，很多地区还没有取得实质性的突破。政策体系的不完善，将直接导致特种设备社会化改革无法落实到基层，从而导致特种设备检验社会化体系不能有效构建。

（二）社会检验机构发展不成熟

推动特种设备检验社会化，其实施的主体有两个，一个是政府管理部门，另一个就是社会检验机构。我国在全面推行特种设备检验社会化的过程中，面临的一个重大问题就是虽然放低了特种设备检验市场的准入门槛，但是却找不到足够多的社会质检机构进入市场。这一问题就导致我国目前的特种设备检验市场中，大多数市场主体是由原来的质检机构经过简单的改革或者集团化发展后演变来的，虽然这些市场主体的身份性质发生了巨大变化，但是由于其长期与政府部门合作，清楚各方面的操作流程和规则，无法避免以权谋私等问题，即使这些改革后的检验机构进入市场，仍然难以改变原有的特种设备检验市场格局，无法真正激发特种设备检验市场化的活力。社会检验机构另一个不成熟的表现就是专业人才储备不足，虽然特种设备检验机构已积极培养专业人才，但是仍然无法满足急剧增长的特种设备检验市场需求。

（三）社会检验机构质检认证体系不完善

特种设备检验社会化要面临的一个问题就是对检验机构的认证问题，传统的特种设备检验机构隶属于政府部门，其组织机构和组建条件是按照政府部门的要求设置的，因此其在资格认证上不存在问题。

但是，在检验机构社会化的背景下，政府检验机构之外的特种设备检验企业进入市场，就容易出现认证问题。特种设备检验工作安全责任重大，只有得到政府主管部门认证的社会企业才能进入特种设备检验市场。但是，我国目前还没有一套较为完整的特种设备检验机构认证体系，原有的对隶属于政府部门的检验机构的认证标准并不适于社会化的检验机构。无法准确认证，就有可能导致三个结果：一是认证标准太宽松，导致少数技术能力不达标的企业混入特种设备检验市场，影响特种设备检验的整体水平；二是认证的要求太高，导致进入特种设备检验市场的门槛过高，很多有发展前景的社会企业无法进入检验市场；三是沿用传统检验机构的认证标准，缺少创新和发展，导致特种设备检验市场的同质化发展，最终影响整个特种设备检验体系的完善。

（四）质检部门对社会检验机构管理不到位

特种设备检验机构的社会化，并不是弱化质检部门的工作职能，减少质检部门的工作量，而是意在提高质检部门的专业化管理水平。随着特种设备检验机构的社会化发展，质检部门将面临更多的问题，需要重新确定管理的职能，创新管理的方式，管理的工作量也将更大。

特种设备检验机构的管理对工作人员的技术水平要求很高，根据国家出台的《特种设备安全监察条例》和《特种设备现场安全监督检查规则》等要求，监察人员在上岗前必须取得上岗资格证，并具备一定的工作能力。面对数量急速增长的特种设备检验机构，仅仅审定其出具的特种设备检验报告就已经耗费了较多的人力、物力，很难有余力开展其他管理工作。由于监察人员数量不足，在特种设备检验机构社会化的背景下，就难免出现各种监察的盲区，造成管理漏洞。

此外，目前许多先进的安全技术监管措施和科学监管手段无法运用。按照特种设备安全检查的相关要求，监管工作包括设计、制造、安装、维修、改造、检验、使用等环节，需要按照相关要求，对所有类别的特种设备进行全面检查，并且要详细填写各方面的数据。随着特种设备生产技术、检验技术的发展，要求特种设备检验机构管理部门的工作人员及时学习新的技术，但是实际中会受到经费、工作量等限制，很多基层的监察机构无暇提升自身的监察技术水平。在传统的质检监察管理体系中，监察部门可以通过收取管理费的方式，获得一定的资金，更新技术装备。在市场化的环境下，监察部门作为单纯的行政部门，其经费来源只能是上级拨付，但是一些地区在财政分配中没有关于特种设备安全监察经费的预算，导致监察部门无法及时提升技术水平。

（五）市场配置检验资源的问题

1.市场配置与政府管理的关系问题

市场配置检验资源的基础性作用，其核心内容就是如何处理政府和市场的关系，推动二者均衡发展，既不能让社会化的特种设备检验机构完全依附于政府部门，忽视市场配置的作用，也不能让特种设备检验机构全都实行市场配置，完全摆脱政府部门的管理。

一方面，检验机构在运营过程中，要尊重市场的发展规律，通过市场竞争的方式，发展检验业务，获得经营效益。同时，质检部门必须对其加强规范化管理。例如，应当严格按照特种设备检验机构的级别予以管理，对不同级别的特种设备检验机构的管理应该归属于相应部门，并获得相应的认证资格，没有获得认证资格的机构不得从事特种设备检验服务。对于特种设备检验机构人员的管理，只有隶属于获得准入资格的特种设备检验机构，且获得相应职业资格认证的人员才能参与特种设备的检验，并按照流程出具检验报告。

另一方面，政府部门要加强对特种设备检验服务的下放，除了少数法定检验项目、特殊检验项目必须由政府部门掌控，其余的检验项目必须做到应放尽放，让市场调控和分配各种检验服务的资源。在接受市场检验服务的过程中，政府部门还要加强事前、事中、事后的管理和引导，尽可能避免市场配置过程中出现各种问题。同时，政府部门在支持特种设备检验机构市场化发展的同时，也必须积极扶持各类非营利的社会公益机构的发展，通过非营利机构介入特种设备检验服务领域，遏制可能会出现的市场检验机构“一家独大”的局面，最终在特种设备检验领域形成政府、市场机构、公益团体协同发展的模式。

2.特种设备检验资源的开发问题

特种设备检验社会化的必要条件是特种设备检验服务资源必须满足市场的需求。目前，我国特种设备检验资源并不丰富，还存在很大的缺口。因此，在市场配置检验资源的过程中，还必须解决特种设备检验人员培养和检验机构整合的问题。

一方面，特种设备检验工作具有很大的安全风险，而且需要承担较大的责任，工作压力比较大，很多技术型人才不愿意从事特种设备检验工作，导致相关岗位引进人才十分困难。此外，特种设备检验行业相对于其他行业来说，其技术要求更高，但在我国目前的教育体系下，极少有学校设置特种设备检验专业，每年培养的专业人才十分稀少。

另一方面，我国特种设备检验行业的现状是特种设备检验机构数量少、规模小、检验项目单一。在特种设备检验市场开放的环境下，我国特种设备检验机构面对国际大型的特种设备检验企业，缺乏竞争力。因此，在特种设备检验机构社会化过程中，还必须解决特种设备检验机构整合的问题。政府部门必须制定和完善特种设备检验机构整合方案，积极引导特种设备检验机构进行纵向整合，有效处理市场有序竞争的问题。

3.安全技术规范与检验检测标准的关系问题

安全技术规范与检验检测标准都是做好检验机构监管工作的基础。由于我国安全技术规范、检验检测标准尚不健全，存在安全技术规范与检验检测标准不匹配的问题。特别是在特种设备检验机构社会化的背景下，安全技术规范和检验检测标准由两个不同的主体执行，其中的问题就更加突出。

安全技术规范制定的目的是确保特种设备管理部门更好地履行职能。而检验检测标准是依据特种设备的生产技术、运用要求而制定的，其根本目的是保障特种设备的安全使用。在处理二者的关系时，既要注重安全技术规范的指导作用，也要注重检验检测标准的决定作用。

（六）管理机构、检验机构、使用单位的三方矛盾

管理机构、检验机构、使用单位三方的矛盾将成为特种设备检验社会化发展过程中的主要矛盾。这三个主体既相互配合，构成一个完整的特种设备管理

体系，又相互制约，以自身的发展水平影响其他主体的发展。

1.管理部门、检验机构、使用单位检验责任划分矛盾

特种设备检验工作具有较大的安全风险和安全责任。政府部门承担特种设备管理的第一责任，特种设备使用单位和检验机构根据各级职能承担责任。在以政府为主体的管理模式下，这样的责任划分是较为合理的。但是，在检验机构社会化的背景下，这样的责任划分就明显存在不公平的地方，存在对于政府部门外的其他主体，特别是检验机构责任描述不清的问题。

在特种设备检验机构社会化的背景下，市场成为特种设备检验服务资源的分配主体，政府不再主导检验服务，特种设备检验机构应该承担更多的责任。同时，必须强调特种设备使用单位的责任，特种设备的安全管理最重要的主体不是政府，也不是市场，而是特种设备的使用单位，如果不明确这一责任，极容易出现特种设备使用单位安全责任意识淡薄等问题。

2.管理部门与特种设备检验机构之间的矛盾

管理部门与检验机构之间的矛盾是特种设备检验社会化过程中最为突出的矛盾。在原有的特种设备监管体系中，管理部门与检验机构之间是隶属关系。但是市场化改革之后，这种关系就变成管理与被管理的关系，在管理与被管理的过程中，就难免出现问题。

一方面，政府部门要通过特种设备管理的规章制度，对特种设备检验机构的成立、运行、服务等各个环节进行管理，确保检验机构能够按照要求提供特种设备检验服务。但是，受限于管理的方式和能力，政府部门容易出现管理不到位、脱管、漏管等问题。

另一方面，特种设备检验机构在市场的驱动下，为了尽可能实现利益的最大化，可能出现逃避政府部门管理、违反特种设备检验要求的行为。

3.管理部门与特种设备使用单位之间的矛盾

管理部门和特种设备使用单位是管理与被管理、服务与被服务的关系。政府按照行政职能对特种设备使用单位使用特种设备的活动进行管理，并为其在

特种设备的安装、使用、检验等方面提供各类服务。在特种设备检验机构市场化的环境下，政府部门与特种设备使用单位之间原有的关系被割裂，特种设备检验机构成为连接政府部门和特种设备使用单位之间的桥梁，这一变化将导致政府部门和特种设备使用单位之间产生管理不到位、干预使用单位特种设备检验等矛盾。

一方面，市场化的特种设备检验机构成为连接政府部门和特种设备使用单位的桥梁，虽然减轻了政府直接提供检验服务的工作负担，但是可能出现政府部门放权过多，或者特种设备检验机构和使用单位伪造检验报告和检验结论等问题，导致政府的管理出现漏洞。

另一方面，特种设备使用单位自主选择市场中的检验机构作为检验服务的主体，必然导致由政府主导或者与政府部门有关的检验机构失去业务，就有可能出现政府部门干预使用单位选择检验机构的行为，影响特种设备检验社会化进程。

4.特种设备检验机构与使用单位之间的矛盾

特种设备检验机构是提供服务的主体，特种设备使用单位是获取服务的主体，二者在市场化的服务过程中，在服务质量、服务价格等方面存在着矛盾。在原有的特种设备检验体系中，使用单位在政府部门指定的检验机构获取检验服务，检验服务的质量由政府部门担保，检验服务的价格由政府制定，不存在质量优劣和价格波动的问题。但是，在市场化的环境下，检验机构作为市场主体，参与市场活动，就有可能受到检验成本、市场利益的影响，提供劣质的服务。而且，在服务定价过程中，由于缺乏政府指导，可能存在过高的价格或者垄断的价格，因而形成了检验机构和使用单位之间的矛盾。

第四节　特种设备检验社会化背景下的机构管理

随着特种设备使用范围越来越广、数量越来越多，特种设备检验工作面临着巨大的压力，检验机构的社会化、市场化发展是特种设备安全管理改革的必然趋势。我国特种设备检验机构社会化改革起步较晚，在特种设备检验社会化过程中还存在特种设备检验机构、特种设备管理机构、特种设备使用机构责任不清晰，法律法规不完善，队伍机构建设滞后，市场体系不完善等问题，制约着我国特种设备检验机构社会化发展水平。

作为社会公共管理的重要内容，特种设备检验机构的管理就是特种设备管理部门、检验部门、使用单位之间的博弈。按照特种设备行业发展的历程，特种设备安全管理主要存在三种模式：一是行业自律模式，在政府和社会管理流程尚未完善的情况下，依靠行业自身的规则和道德约束生产行为，确保产品质量；二是政府管理模式，也就是政府通过成立专门的管理部门，对特种设备的生产、使用、检验进行监督和管理；三是独立管理模式，即当特种设备管理水平达到一定的高度时，管理工作由政府行为变成一种专业的市场或社会行为，形成专业的管理体系。

一、新型管理制度设计中必须解决的问题

（一）要解决管理机构角色定位不明的问题

角色定位问题是特种设备检验市场化过程中，管理机构需要解决的重要问题。特种设备的检验具有巨大的市场需求。在传统的特种设备管理过程中，特

种设备检验机构隶属于特种设备管理部门，通过行政事业性收费等方式直接获取特种设备单位的检验费用。而特种设备管理部门作为主要的管理部门，能够在特种设备检验机构的收费中获取一部分管理费。

在完成特种设备检验市场化改革以后，特种设备管理机构将完全退出市场，也就意味着管理部门将失去原有的部分收益。少数管理机构认识不到自己的工作职能，在推动特种设备检验机构社会化改革中，无法正确定位自己的角色。此外，特种设备管理机构和检验机构的改革无法同步，管理制度的完善是一个长期的过程，这就导致一些特种设备管理机构在特种设备检验社会化过程中，极容易出现因改革不彻底，管理机构角色定位不明，无法厘清与特种设备检验机构、使用单位之间的关系，而出现过多干预检验业务或者完全放弃管理工作的行为，从而造成管理混乱。

（二）要解决管理机构之间缺乏合作的问题

在特种设备检验机构社会化改革过程中，我国所采取的依然是以区域为基础的管理模式，也就是一定等级的特种设备检验机构只能承接本区域内的特种设备检验业务。这一规定虽然强化了质检部门对特种设备检验机构的管理，但是由于很多特种设备使用单位存在跨地域问题，部分特种设备存在流动使用问题，这就给特种设备使用单位选定特种设备检验机构、质检部门认定特种设备检验结果等方面带来了不便。例如，某一特种设备 8 月份在 A 省使用，并按照 A 省的检验要求进行检验，出具了检验报告，但是，10 月份被运送到 B 省使用，如何认定检验结果，就需要两个省份的管理机构进行沟通。

另外，在具体的管理活动中，管理机构也经常会遇到需要各部门配合的问题。例如，当特种设备发生事故时，管理机构需要与检验机构、设备制造厂家和使用单位等多方配合。管理机构需要组织相关部门和检验机构对事故进行调查和分析，查明事故原因，并提出相应的处置方案。设备制造厂家和使用单位需要积极配合调查，提供相关资料。

特种设备检验市场化过程中的每个环节都需要多方的配合和协作，只有通过有效的沟通和协作，才能实现管理目标，保障特种设备安全运行，促进经济发展和社会稳定。

二、特种设备检验市场化过程中管理机构的未来模式构想

（一）参与式管理模式构想

从目前特种设备检验机构社会化的发展趋势，以及质检部门管理对象、内容的变化情况来看，参与式管理将是我国特种设备管理机构发展的重要模式。

参与式管理模式是针对传统管理体制中缺乏创新，管理组织和人员缺乏积极性的情况设计的管理方式。参与式管理模式的核心是强调社会管理的多元化，政府虽然还是特种设备检验管理的重要参与者，但是必须与其他社会组织共同参与到特种设备检验机构的管理中。

（二）市场化管理模式构想

市场化管理模式的理论基础是私人部门的管理方式与生俱来地优于传统的公共部门的管理方式。其核心在于，在特种设备检验机构的管理中，将市场配置和行政管理彻底剥离，将一部分可以交由市场进行监督的内容，通过政府购买公共服务的方式，全部交由市场主体进行管理，政府部门只需要提供少量的行政引导即可。

目前，我国很多领域已经实现市场化的管理，如行业服务质量评估、城市绿化管护等。在法定检验过程中，可以按照市场化的模式，将企业的自检和政

府的强制性检查区别开来。部分可交由市场的业务坚决交由市场进行运作，政府部门只需进行适当的引导；部分必须由政府部门掌控的业务由政府部门承担监察职能，达到简政放权和激发市场活力的目的。

市场化管理模式的实行还必须符合一些前提条件，即政府已经建立参与特种设备管理的认证评估体系、市场管理主体发展十分成熟、特种设备检验市场规范发展。

三、构建新型检验机构及管理机构关系模型

（一）要素分析

根据我国特种设备安全管理的规定，以及特种设备检验机构管理和社会化发展的要求，新型检验机构及管理机构关系模型中必须具备四个基本要素。

一是具有特种设备检验的市场需求。市场需求是实现检验机构市场化的前提，有需求才有市场，有市场才有特种设备检验机构的市场化发展。从现实情况来看，我国特种设备检验服务的市场需求是十分旺盛的，一方面，国有的特种设备机构服务能力无法满足特种设备使用单位检验的需要，另一方面，特种设备数量的快速增加需要更多的特种设备检验服务。

二是政策法规对特种设备检验有明确的规定。就我国特种设备管理现状来看，无论是强制性检查还是定期检测，都有明确的规定，特种设备使用单位必须根据法规的要求，选定具有特种设备检验资质的机构对设备进行定期检验。

三是特种设备管理到位。有市场需求和法规要求后，还必须有严格的管理。市场化的检验并不允许使用单位选择参与检验或不参与检验，使用单位的自由是指可以根据需要确定具体的检验机构。如果管理机构管理不到位，就有可能造成部分特种设备使用单位逃避检验，或者选择没有资质的检验机构进行检

验。因此，特种设备管理到位也是建立管理机构和特种设备检验机构之间关系的必要因素。

四是具有完善的市场进入和退出机制。特种设备检验质量的好坏关系到人民群众的切身利益，因此必须谨慎对待进入市场的特种设备检验机构。要把好市场准入关口，通过严格的资格认证，让具有技术保障且符合要求的特种设备检验机构进入市场。同时，要完善市场的退出机制，针对部分特种设备检验机构服务能力、技术能力跟不上市场发展需求等情况，通过一定的退出机制，实行优胜劣汰，确保特种设备检验市场的健康发展。

（二）关系分析

在探索特种设备监察机构、使用单位、检验机构相互关系，以及社会化、市场化发展的基础上，对特种设备检验机构社会化背景下的管理已经是以质检部门为主体，市场、社会组织、特种设备使用单位之间相互配合的共同治理模式。在此基础上，笔者设计了新型的检验机构及管理机构关系模型。

在该模型中，政府监察机构既直接对特种设备检验机构进行检查，又通过社会公益团体、市场竞争机制、特种设备使用单位实现对特种设备检验机构的管理。社会公益团体作为公益性的组织，同时对政府监察机构、市场竞争机制、特种设备使用单位、特种设备检验机构进行监督。市场竞争机制可以保障特种设备检验机构的优胜劣汰，为政府监察机构、特种设备使用单位和社会公益团体提供各种参考信息。特种设备使用单位接受社会公益团体和政府监察机构的监督，并通过市场竞争机制选择特种设备检验机构。特种设备检验机构同时受到政府监察机构、社会公益团体、特种设备使用单位的监督，并通过市场竞争机制选择优质客户，参与市场竞争。

在构建特种设备管理机构和检验机构新型关系的同时，还必须做好以下工作：一是要推动分类管理改革，明确法定检验、定期检验的范围，厘清政府监察机构、特种设备使用单位和检验机构的责任；二是要加快推进检验机构市场化改革，有序开展行业竞争，确保检验机构服务能够满足市场需求；三是完善特种设备安全管理法律法规、特种设备检验机构市场化管理的安全技术规范及相应的检验检测技术标准，提高检验检测认证速度，实现多元化发展；四是积极推动社会公益团体的发展，支持各类特种设备检验公益团体参与特种设备安全管理；五是要加强特种设备使用单位的宣传教育，确保特种设备使用单位按照特种设备安全管理要求履行责任和义务。

第三章　特种设备检验的保证率——以机电类为例

第一节　机电类特种设备的检验质量保证率

一、机电类特种设备检验质量保证率的依据

（一）《特种设备安全法》

《特种设备安全法》自 2014 年 1 月 1 日起施行，是特种设备生产、使用、经营、检验、检测等各个环节必须依照实施的法律。

《特种设备安全法》第三章对检验、检测机构的准入条件、工作责任等有明确规定，如第五十条规定：从事本法规定的监督检验、定期检验的特种设备检验机构，以及为特种设备生产、经营、使用提供检测服务的特种设备检测机构，应当具备下列条件，并经负责特种设备安全监督管理的部门核准，方可从事检验、检测工作。具体条件如下：①有与检测、检验工作相适应的检测、检验人员；②有与检测、检验工作相适应的检测、检验仪器和设备；③有健全的检测、检验管理制度和责任制度。

（二）《特种设备安全监察条例》

《特种设备安全监察条例》是《特种设备安全法》出台前确保特种设备安全的主要行政法规，是特种设备行业自 2003 以年来一直遵守的法规依据。如其中第六条规定：特种设备检验检测机构，应当依照本条例规定，进行检验检测工作，对其检验检测结果、鉴定结论承担法律责任。

二、影响机电类特种设备检验质量保证率的问题分析

（一）机电类特种设备使用单位存在的问题

机电类特种设备使用单位存在的问题：①主观上应付检验工作，未按规定在机电类特种设备到期前 1 个月提出检验申请，向检验机构提供的资料不齐，检验工作准备不足；②由于担忧检查出现问题，被要求停用或被处罚，欺瞒存在的设备安全风险；③没有解决被要求整改的问题，拖沓造成多次检验，进而影响检验进度。

（二）机电类特种设备生产单位存在的问题

美国质量管理专家朱兰（J. M. Juran）说过，质量问题将成为影响一个企业，甚至一个国家生存和发展的重大战略问题，21 世纪是质量的世纪。消费者可通过比较实际的服务效果和先前的预期形成对服务质量的评价。也就是说，服务质量包含实际服务效果与先前预期的比较，即服务质量是实际服务效果与顾客预期水平的匹配程度的测量，高质量的服务意味着达到了顾客的预期。

从制造企业来分析，制造企业生产出的产品有缺陷，比如在检验中会有个别电梯限速器动作不可靠，个别新主机出现异响，这说明有的制造企业品质控制不到位，生产出的产品或部件的质量较差。虽然数量不多，但这种情况在部

分小型生产企业中是客观存在的。

机电类特种设备安装单位存在的质量问题就更加突出。有资质、专业性的工作团队更能保证机电类特种设备的安装质量，但是由于近年特种设备的数量增加和专业技术工人的短缺，安装质量不尽如人意。

机电类特种设备维护保养单位存在质量问题往往是因为维护保养单位人员短缺和低价维保。维护保养单位为了提高收益，一个维护保养人员需维护保养数十台，甚至上百台特种设备，在这种情况下，维护保养人员很难按照有关维护保养要求对特种设备进行维护保养，进而造成特种设备的安全问题层出不穷。另外，也存在维护保养单位自检报告、记录作假，伙同使用单位隐瞒设备安全隐患的情况。

（三）机电类特种设备检验机构存在的问题

1.组织准备不足

机电类特种设备检验工作的重复性，容易导致检验机构在受理检验申请后缺乏具体的检验方案，对检验过程中可能存在的问题预料不足。

2.人员、资源不足

目前，不少机电类特种设备检验机构受经费等因素限制，不能随特种设备数量的增加灵活增配检验人员。此外，检验人员需具备一定的专业素养和经验，存在培养周期较长，不能适应发展需要的情况。

3.检验执行不到位

部分检验人员业务能力不强，未能及时发现设备存在的风险和隐患；检验人员存在把关不严，甚至部分检验人员存在走过场、考虑人情因素降低检验标准或项目要求的情况。

4.监督抽查不力

检验机构未能切实有效贯彻质量体系的要求，对检验人员监督不到位。

（四）机电类特种设备管理部门存在的问题

机电类特种设备管理部门存在的问题：①一些机电类特种设备管理部门人员不足，尤其持证上岗人数较少；②部分管理队伍缺乏专业人才，对检验工作质量缺乏核查能力；③执法难，以电梯为例，严格执法而停用电梯可能会导致群众的不满，使得管理人员在执法过程中难以严格执法；④部分地方管理部门缺乏绩效管理机制，导致基层安全管理人员工作动力不足，对设备存在的质量问题视而不见。

三、机电类特种设备检验质量保证率的评价指标体系

指标体系主要分析各环节对机电类特种设备检验质量保证率的影响权重及细化因素，分析权重后可以方便我们研究提升机电类特种设备检验质量保证率的主要因素和次要因素。

机电类特种设备检验质量保证率评价指标可分为最高指标、一级指标、二级指标三个层级。

最高层级为Q，一级指标四个：

$$Q=\{A，B，C，D\}.$$

二级指标十六个：

$$A=\{A_1，A_2\}，$$

$$B=\{B_1，B_2\}，$$

$$C=\{C_1，C_2，C_3，C_4，C_5，C_6，C_7，C_8，C_9，C_{10}\}，$$

$$D=\{D_1，D_2\}.$$

形成递阶层次结果模型后再对同一层次的各影响因素进行相对重要性的判定，从而得到判断矩阵。

这种较复杂的判定一般通过向专家咨询（设备监理师、特种设备设计专家等）、安全事故统计分析、针对行业内合适调查对象（维保单位工作人员、特种设备检验人员等）进行问卷调查等方法搜集所需的有价值信息。通过这些信息的搜集，综合考虑各种法规及技术规范的要求，建立机电类特种设备检验质量评价指标体系，列出评分表，如表 3-1 所示。

表 3-1　机电类特种设备检验质量评价指标体系评分统计表

序号	指标	分值	计分	备注
A_1	报检主体责任	6		报检时间
A_2	受检准备工作	4		资料及现场准备
B_1	资料准备	4		自检报告、记录等
B_2	检验配合	6		人员分配、沟通协调
C_1	业务组织	3		是否法定、核准范围
C_2	业务受理与安排	5		方便客户、受理凭证
C_3	检验的技术准备	3		作业指导书、原始记录
C_4	检验的资源配备	7		仪器、车辆、人员配备
C_5	检验的实施过程	12		安全防护、操作程序化
C_6	检验发现的问题处理	9		检验意见书、隐患上报
C_7	原始记录现场填写	11		数值、涂改、人员签名
C_8	检验报告出具	8		完整性、时效性、盖章
C_9	检验报告的发放存档	3		签收记录、归档手续
C_{10}	检验工作质量考核	7		规定、实施、记录及处罚
D_1	到场监督	7		到场监督次数、比例
D_2	执法力度	5		监察指令书数量、比例

此表将整个检验工作质量的评价总分设定为 100 分，根据实际工作中对机电类特种设备检验质量保证率影响权重的分析，对使用、生产、检验、管理对应的 A、B、C、D 四个大类 16 个指标分别赋予不同的权重分值，用以评价机电类特种设备检验质量保证率。

利用 MATLAB 软件求出特征向量，确定各指标的权重，还要依据一致性检验公式（如式 3-1、式 3-2 所示）验证判断矩阵是否具有满意的一致性。

$$CI = \frac{\lambda_{max} - n}{n - 1}. \qquad \text{（式 3-1）}$$

$$CR = \frac{CI}{RI}. \qquad \text{（式 3-2）}$$

机电类特种设备检验质量保证率部分的评价重点依次是检验的实施过程、原始记录现场填写、检验发现的问题处理、检验报告出具、到场监督、检验工作质量考核、报检主体责任、检验的资源配备等。

第二节　机电类特种设备的检验进度保证率

一、机电类特种设备检验进度保证率的依据

（一）《特种设备安全法》

《特种设备安全法》第四十条规定：特种设备使用单位应当按照安全技术规范的要求，在检验合格有效期届满前一个月向特种设备检验机构提出定期检验要求。特种设备检验机构接到定期检验要求后，应当按照安全技术规范的要求及时进行安全性能检验。特种设备使用单位应当将定期检验标志置于该特种设备的显著位置。未经定期检验或者检验不合格的特种设备，不得继续使用。

（二）《特种设备安全监察条例》

《特种设备安全监察条例》第四十六条规定：特种设备检验检测机构和检验检测人员应当客观、公正、及时地出具检验检测结果、鉴定结论。检验检测结果、鉴定结论经检验检测人员签字后，由检验检测机构负责人签署。特种设备检验检测机构和检验检测人员对检验检测结果、鉴定结论负责。国务院特种设备安全监督管理部门应当组织对特种设备检验检测机构的检验检测结果、鉴定结论进行监督抽查。县以上地方负责特种设备安全监督管理的部门在本行政区域内也可以组织监督抽查，但是要防止重复抽查。监督抽查结果应当向社会公布。

（三）《大型游乐设施安全监察规定》

《大型游乐设施安全监察规定》自 2014 年 1 月 1 日起施行，并根据 2021 年 4 月 2 日《国家市场监督管理总局关于废止和修改部分规章的决定》进行了修改。《大型游乐设施安全监察规定》第二十条规定：运营使用单位应当在大型游乐设施安装监督检验完成后 1 年内，向特种设备检验机构提出首次定期检验申请；在大型游乐设施定期检验周期届满 1 个月前，运营使用单位应当向特种设备检验机构提出定期检验要求。特种设备检验机构应当按照安全技术规范的要求进行定期检验。

（四）《客运索道安全监督管理规定》

《客运索道安全监督管理规定》自 2016 年 4 月 1 日起施行，并根据 2020 年 10 月 23 日《国家市场监督管理总局关于修改部分规章的决定》进行了修订。《客运索道安全监督管理规定》第二十六条规定：客运索道使用单位应当按照安全技术规范的要求，在定期检验周期届满前一个月向特种设备检验机构提出定期检验要求。客运索道定期检验分为全面检验和年度检验，客运架空索道和客运缆车在安装监督检验合格后每三年进行一次全面检验，期间的两个年度，每年进行一次年度检验。客运拖牵索道每年进行一次年度检验。

根据对以上机电类特种设备各类法规的研究发现，机电类特种设备的监督检验都是由机电类特种设备的生产单位申报检验，未具体要求申报检验时间。机电类特种设备的定期检验都是由使用单位在到期前一个月向检验机构申报检验。其中，电梯、厂（场）内机动车辆及游乐设施均为每年一次定期检验，客运索道为每年一次定期检验，每三年一次全面检验。

二、影响机电类特种设备检验进度保证率的问题分析

（一）机电类特种设备使用单位存在的问题

根据《特种设备安全法》的规定，使用单位在特种设备检验合格有效期届满前一个月向特种设备检验机构申报定期检验是法定义务。而在实际工作中，有主动报检意识和行动的使用单位非常少，主要有以下原因：

1.部分使用单位对特种设备安全管理工作重视程度不够

部分使用单位安全管理人员缺乏基本的报检意识，没有建立特种设备报检制度或建立了制度没有执行。一些使用单位管理层和安全管理人员在设备管理上严重依赖特种设备生产单位，报检主动性差。部分使用单位对特种设备缺乏系统管理，有的没有台账，有的台账混乱，特种设备检验合格有效期届满后主要靠生产单位提醒检验，存在较大漏检风险。

2.部分机电类特种设备使用主体责任单位难以落实

以电梯为例，部分老旧小区存在未成立业委会、无物业管理单位、无具体管理人员的窘境，其申报检验和安全管理的责任人难以落实。

3.部分使用单位故意逃避检验

因机电类特种设备的第三方检验是法定的，收费具有合法性，但具体施行力量相对薄弱，所以部分使用单位存在逃避检验以减少检验费用支出的情况。

（二）机电类特种设备生产单位存在的问题

机电类特种设备生产单位的检验工作分两种：一种是生产单位自身安装、改造、维修的机电类特种设备需要监督检验，生产单位自身是报检主体和责任主体；另一种是生产单位协助使用单位对在用机电类特种设备进行定期检验。在第一种情况下，生产单位的报检积极性和主动性都很强，因为及时完成监督检验与生产单位利益切实相关。而在第二种情况下，生产单位只是起到协助使用单位报检的作用，因此在主动性上及受检准备上会略有不足，具体表现为以下两个方面：一是自检报告、记录等需要提交检验机构存档的材料不能按时提交，影响检验机构及时封存报告；二是检验现场配合检验的人员数量不足，不能完成检验机构预定的检验任务。

（三）机电类特种设备检验机构存在的问题

1.人机比矛盾突出

近年来，一线机电类特种设备检验人员随着机电类特种设备数量的急剧增加变得相对短缺。以数量占比最大的电梯为例，国家为了解决人机比矛盾，建议性规定了持证的电梯检验人员每年人均检验电梯 500 台（两名持证检验人员为一组，年平均检验 1 000 台）的定额。在目前的情况下，多数检验机构的人机比都超过了这一规定要求。这就导致检验机构在极重的检验任务下被动运转，难以做到主动催检。

2.检验机构内部管理水平有待提高

一些检验机构未建立完善的管理系统，在受理检验、完成检验的规范性、及时性方面存在问题。

3.检验机构科技化建设水平不足

检验机构在检验报告编制系统建设、报告模板更新等方面，运用科技手段提升检验工作效率的能力不足，主要有以下原因：①缺乏创新意识。如果检验机构在技术上缺乏创新意识，不能跟上科技发展的步伐，则可能会造成检验机构科技化建设水平的滞后。②技术装备不足。有些检验机构可能因为资金不足或其他原因，无法及时更新和升级检验设备，导致其科技化建设滞后。③人才专业素质不高。检验机构员工的专业素质也是影响检验机构科技化建设水平的重要因素。如果员工缺乏相关的科技知识和技能，就难以满足科技化建设的需求。

（四）机电类特种设备管理部门存在的问题

在管理实践中，一些管理部门的督促检验作用发挥得并不明显，主要有以下原因：①一些管理部门对特种设备的管理手段和工具不足，缺乏现代化的技术和手段，导致无法对特种设备进行全面、实时的管理；②部分管理部门对特种设备的管理机制不健全，缺乏科学合理的管理流程和标准，导致管理的随意性和不规范性；③部分管理部门对特种设备的管理责任不明确，缺乏相应的责任制度和问责机制，导致管理时出现推诿扯皮、不负责任的情况。

三、机电类特种设备检验进度保证率的评价指标体系

机电类特种设备检验进度保证率评价指标分为最高指标、一级指标、二级指标三个层级。

最高层级为Q，一级指标四个：

$$Q=\{A，B，C，D\}.$$

二级指标十六个：

$$A=\{A_1，A_2\}，$$

$$B=\{B_1，B_2\}，$$

$$C=\{C_1，C_2，C_3，C_4，C_5，C_6，C_7，C_8，C_9\}，$$

$$D=\{D_1，D_2，D_3\}.$$

形成递阶层次结果模型后，就要对同一层次的各影响因素进行相对重要性的判定，从而得到判断矩阵。具体方法同上节，此处不再赘述。通过这些信息的搜集，综合考虑各种法规及技术规范的要求，建立机电类特种设备检验进度指标评价体系，列出评分表，具体如表 3-2 所示。

表 3-2　机电类特种设备检验进度指标评价体系评分统计表

序号	指标	分值	计分	备注
A_1	报检主体责任	10		报检及时性
A_2	受检准备工作	4		资料及现场准备时间
B_1	资料准备	4		自检报告、记录完成情况
B_2	检验配合	4		人员分配、熟练程度
C_1	检验受理	10		不受理告知或受理确认
C_2	检验的准备	6		人员、资源的计划、落实
C_3	检验的实施过程	3		程序化、按时完成
C_4	检验发现的问题处理	4		是否需复检
C_5	复检受理	6		时效性
C_6	原始记录现场填写	6		现场完成情况
C_7	检验报告出具	10		编制、审核、打印、盖章
C_8	检验报告发放	5		通知、催领
C_9	内部时效性质量考核	7		规定、实施、记录及处罚
D_1	动态管理	10		设备台账、到期时限
D_2	到场监督	5		到场监督次数、比例
D_3	执法力度	4		监察指令书数量、比例

表 3-2 将整个检验工作进度的评价总分设定为 100 分，根据实际工作中对机电类特种设备检验进度保证率影响权重的分析，对使用、生产、检验、管理对应的 *A*、*B*、*C*、*D* 四个大类 16 个指标分别赋予不同的权重分值，用以评价机电类特种设备检验进度保证率。

利用 MATLAB 软件求出特征向量，确定各指标的权重，还要依据公式 3-1 和 3-2 验证判断矩阵是否具有满意的一致性。

第三节　机电类特种设备检验的费用保证率

一、机电类特种设备检验费用保证率的主要依据

（一）《特种设备安全法》

《特种设备安全法》第九十九条规定：特种设备行政许可、检验的收费，依照法律、行政法规的规定执行。

（二）《特种设备安全监察条例》

《特种设备安全监察条例》第一百零二条规定：特种设备行政许可、检验检测，应当按照国家有关规定收取费用。这一条款规定与《特种设备安全法》的表述基本一致，但存在的差别是比《特种设备安全法》多了一个“检测”。而“检验”与“检测”的定义有一定的区别。“检验”是指特种设备安全监管

部门核准的综合检验机构的法定监督检验和定期检验，其必须作出符合性判断，如“合格”和“不合格”这样的描述。而“检测”主要是指针对设备性能、安全等情况可以不给出符合性判断的测定方式。这说明《特种设备安全法》的出台，从法律层面为检验、检测费用的发展方向给予了改革的空间。

除此之外，机电类特种设备检验费用保证率的主要依据还有各省市制定的收费标准及文件。以四川省发展和改革委员会、四川省财政厅发布的《关于核定特种设备检验检测收费标准的通知》为例，这一文件对收费对象、收费主体、收费标准及收费管理等方面进行了明确规定。

二、影响机电类特种设备检验费用保证率的问题分析

（一）机电类特种设备使用单位存在的问题

机电类特种设备检验的收费属行政事业性收费，机电类特种设备的使用单位是付费主体，具有承担缴纳检验费用的义务，其存在的问题主要有以下几个：

1.使用单位对应该缴纳的检验费用认识不到位

使用单位对应该缴纳的检验费用认识不到位，可能源于对检验收费的有关规定不够了解。通常，特种设备检验收费主要根据设备的种类、特性、复杂程度、工作量大小等因素来确定，同时也需要考虑检验机构的资质、技术水平、服务质量等因素。因此，特种设备使用单位需要了解这些规定和收费标准，以便更好地了解自己应该缴纳的检验费用。

此外，一些检验机构也可能存在乱收费或收费不透明的问题，这也会导致使用单位对检验费用的认识不到位。因此，使用单位需要选择正规、有资质的检验机构进行特种设备的检验，并了解自己的权益和义务，以便在遇到问题时及时采取措施进行维权。

2.使用单位存在支付能力弱、经费困难等问题

机电类特种设备使用单位存在支付能力弱、经费困难等问题，可能的原因有以下几个方面：①经济状况不佳。一些使用单位的经营状况不稳定，导致其支付能力受到限制。②资金管理不当。一些使用单位可能存在资金管理不善的问题，导致资金无法得到有效的利用和调配。③经营成本较高。特种设备的检验和维护成本较高，对一些小型企业或负担能力较弱的使用单位来说，可能会认为支付压力较大。④安全意识不强。一些使用单位对特种设备的安全使用不够重视，对检验和维护的重要性认识不足，导致其不愿意投入足够的经费来保证设备的正常检验和维护。⑤信息不对称。一些使用单位可能缺乏对特种设备检验和维护的认识，无法准确了解设备的使用状况和维护需求，因此无法制订合理的经费预算计划。

（二）机电类特种设备生产单位存在的问题

机电类特种设备生产单位通常需要缴纳的检验费用是监督检验的检测费。这一费用缴纳以后才能领取报告完成施工验收交付。因此，关于监督检验费用，生产单位的缴费保证率是较高的，但也不排除一些工程或项目因为外部因素停滞，导致生产单位不能完成验收缴费。此外，还存在生产单位代用户定期缴纳检验费用，或把检验费用和维护保养费用等打包签订合同的情况，这种情况会对缴纳检测费用产生两点影响：

①特种设备生产单位检验配合度不高，与使用单位就复检费用等扯皮。通常情况下，特种设备检验完成即产生检验费用，这些检验费用需使用单位在领取检验报告时进行缴纳。但部分机电类特种设备不能保证一次性通过检验，而不能一次性通过检验的原因往往是由于生产单位自身工作不到位造成的。这常常是使用单位和生产单位就整改后复检的费用产生争执的原因。

②检验费用支付不及时，甚至挪用检验费。部分生产单位在签订维护保养

合同的时候，以合同总价含检验费用的方式为使用单位提供服务，但由于机电类特种设备的生产单位往往属于中小型企业或创业型企业，由于资金有限，会有将检验费用挪作他用、检验费用不能及时缴纳的情况。

（三）机电类特种设备检验机构存在的问题

1.服务质量与费用不匹配

有些机电类特种设备检验机构在提供服务时，可能存在服务质量与所收费用不匹配的问题，导致使用单位认为自己缴纳了过多的检验费用。

2.对欠费使用单位缺乏约束措施

欠费的使用单位一些是缴费困难，一些是恶意欠费。因为是法定检验，所以检验费用往往没有用合同的方式进行违约约定，因此也不便于追究使用单位的欠费责任。

3.收费服务能力有待加强

机电类特种设备检验费用的缴纳大多需要通过缴费窗口进行缴费。检验机构多元化的缴费方式及主动服务的理念有待加强。

（四）机电类特种设备管理部门存在的问题

机电类特种设备检验机构与当地特种设备安全管理部门的从属关系，是影响机电类特种设备检验费用保证率的主要因素。在特种设备安全监督管理部门垂直管理的体系下，机电类特种设备检验机构与地方特种设备安全管理部门往往是上下级关系或平级的事业法人和行政机构的关系。在放弃垂直管理模式后的地方管理情况下，检验机构与管理部门不再属于人、财、权归属同一行政领导下的一体化运作体系，管理部门对检验费用的收取与否，在主观上缺乏督促意识，在执行上缺乏力度。部分管理人员通过检验系统查询到机电类特种设备的检验结果属于合格的情况后，对于使用单位不按时缴纳检验费用、领取检验报告的行为有纵容放任的情况。此外，管理人员执法困难，不愿对使用单位采取强制措施等因素也客观上导致了检验费用保证率降低。

三、机电类特种设备检验费用保证率的评价指标体系

机电类特种设备检验费用保证率评价指标分为最高指标、一级指标、二级指标三个层级。

最高层级为Q，一级指标四个：

$$Q=\{A, B, C, D\}.$$

二级指标十个：

$$A=\{A_1, A_2\},$$

$$B=\{B_1, B_2\},$$

$$C=\{C_1, C_2, C_3, C_4, C_5\},$$

$$D=\{D_1\}.$$

形成递阶层次结果模型后，就要对同一层次的各影响因素进行相对重要性的判定，从而得到判断矩阵。这种较复杂的判定一般通过向专家咨询（设备监理师、特种设备设计专家等）、安全事故统计分析、针对行业内合适调查对象（维保单位工作人员、特种设备检验人员等）进行问卷调查等方法搜集所需的有价值信息。通过这些信息的搜集，综合考虑各种法规及技术规范的要求，建立机电类特种设备检验费用指标评价体系，列出评分表，具体如表3-3所示。

表3-3　机电类特种设备检验费用指标评价体系评分统计表

序号	指标	分值	计分	备注
A_1	费用计划	8		全年费用计划、预算
A_2	及时缴纳	25		检验完成后、报告领取前
B_1	检查配合	4		减少复检、及时整改
B_2	代付检查费	8		主动履行合同约定

续表

序号	指标	分值	计分	备注
C_1	派工单据	10		按参数计算检查费
C_2	现场核实	6		核实参数、费用变动
C_3	复检费用	6		是否需复检并收费
C_4	收费服务	10		多种方式、实时可查
C_5	催费函件	8		欠费后定期寄送
D_1	管理倒逼	15		宣传缴费义务、加强执法

表 3-3 将整个检验工作费用的评价总分设定为 100 分，根据实际工作中对机电类特种设备检验费用保证率影响权重的分析，对使用、生产、检验、管理对应的 *A*、*B*、*C*、*D* 四个大类 10 个指标分别赋予不同的权重分值，用以评价机电类特种设备检验费用保证率。

利用 MATLAB 软件求出特征向量，确定各指标的权重，还要依据公式 3-1 和 3-2 验证判断矩阵是否具有满意的一致性。

第四节　提高机电类特种设备检验保证率的主要措施

本节采用模糊综合评估法对机电类特种设备总检验保证率的典型案例，即某特种设备检验机构的一次电梯定期检验任务进行分析。下面将从组织措施、合同（法规）措施、技术措施、管理措施、其他措施五方面分析、探讨提高机电类特种设备检验保证率的方法，并以实际操作验证该措施的有效性。

一、机电类特种设备检验保证率的典型案例分析

（一）案例简介

此案例来自某特种设备检验机构的一次电梯定期检验任务。此电梯的基本情况如下：

电梯类型：曳引与强制驱动电梯

电梯型式：有机房电梯

使用时间：4 年

检验日期：2018 年 3 月 1 日

该案例中电梯基本信息和参数如表 3-4 所示。

表 3-4　电梯基本信息和参数

项目（单位）	数值	项目（单位）	数值
电梯型号	MCA-1050-10105	出厂日期	2013.11
制造单位名称	日立电梯（中国）有限公司	产品编号	13G046338
额定载重量（kg）	1 050	控制屏编号	13G046338
层站门数	28 层 28 站 28 门	驱动主机编号	13G046338
额定速度（m/s）	1.75	轿厢限速器型号	DS-6S3
控制方式	集选	轿厢限速器编号	13G046338

该电梯是一台有补偿链的电梯，采用液压缓冲器，平衡系数符合要求，检验当年不用进行电梯 125%额定载荷制动实验，需要确认限速器动作速度。

（二）模糊综合评估分析

1.案例中电梯检验保证率涉及的各级指标权重的确定

该指标体系包括质量保证率、进度保证率、费用保证率 3 个最高层级指标

（用 A 表示），质量保证率有 4 个一级指标（用 A_1 表示）、16 个二级指标（分别用 A_{11}、A_{12}、A_{13}、A_{14} 表示）；进度保证率有 4 个一级指标（用 A_2 表示），16 个二级指标（分别用 A_{21}、A_{22}、A_{23}、A_{24} 表示）；费用保证率有 4 个一级指标（用 A_3 表示），10 个二级指标（分别用 A_{31}、A_{32}、A_{33}、A_{34} 表示）。所有的二级指标组成了模糊综合评估分析的因素集。

由判断矩阵可得最高层级指标的权重赋值为：

$$A=(0.474\,6,\ 0.357\,3,\ 0.168\,1).$$

基于层次分析法分别对 4 个最高层级的一级指标进行权重赋值。

质量保证率 4 个一级指标的权重赋值为：

$$A_1=(0.121\,0,\ 0.069\,5,\ 0.678\,8,\ 0.130\,6).$$

其下二级指标的权重赋值为：

$$A_{11}=(0.6,\ 0.4).$$

$$A_{12}=(0.4,\ 0.6).$$

$$A_{13}=(0.041,\ 0.069,\ 0.047,\ 0.105,\ 0.171,\ 0.130,\ 0.155,\ 0.130,\ 0.043,\ 0.109).$$

$$A_{14}=(0.583,\ 0.417).$$

已知进度保证率 4 个一级指标的权重赋值为：

$$A_2=(0.139\,1,\ 0.077\,0,\ 0.574\,8,\ 0.209\,9).$$

其下二级指标的权重赋值为：

$$A_{21}=(0.714\,3,\ 0.285\,7).$$

$$A_{22}=(0.545\,5,\ 0.454\,5).$$

$$A_{23}=(0.174\,7,\ 0.105\,2,\ 0.055\,8,\ 0.067\,4,\ 0.105\,2,\ 0.105\,2,\ 0.174\,7,\ 0.095\,8,\ 0.115\,8).$$

$$A_{24}=(0.526\,3,\ 0.263\,2,\ 0.210\,5).$$

费用保证率 4 个一级指标的权重赋值为：

$$A_3=(0.326\,4,\ 0.120\,5,\ 0.404\,4,\ 0.149\,0).$$

其下二级指标的权重赋值为：

$$A_{31}=（0.25，0.75）.$$

$$A_{32}=（0.333，0.666\ 7）.$$

$$A_{33}=（0.264\ 4，0.137\ 1，0.137\ 1，0.264\ 4，0.196\ 9）.$$

$$A_{34}=1.$$

2.确定评价集

评价集是评价者对评价对象可能作出的各种评价结果组成的集合，以该案例电梯二级指标的影响程度作为最终的评估结果，为了使对影响程度的评价简洁和直观，特选取四个评价结果：高、偏高、偏低、低。模糊综合评估分析的二级指标评价集表达式：$V=\{v_1，v_2，v_3，v_4\}$。其中，v_1、v_2、v_3、v_4分别表示高、偏高、偏低、低。

3.确定权重向量得到隶属度矩阵

对于检验保证率影响因素集合中的每个因素u_i，分析其评价等级集v_j的隶属度r_{ij}，反映各因素对评价集的影响程度，参考相关专家和专业检验人员的建议，得出各因素的单因素评价结果，赋予相应的“权数”，得到权重集。

4.评估结果

（1）质量保证率的模糊综合评价

经相关计算得出，该案例电梯的质量保证率模糊综合评价结果向量为（0.508 0，0.235 4，0.160 2，0.100 6）。按照最大隶属度原则，该部分的质量保证率模糊综合评价结果为高。

（2）进度保证率的模糊综合评价

经相关计算得出，该案例电梯的进度保证率模糊综合评价结果向量为（0.559 3，0.182 1，0.147 0，0.111 4）。按照最大隶属度原则，该部分的进度保证率模糊综合评价结果为高。

（3）费用保证率的模糊综合评价

经相关计算得出，该案例电梯的费用保证率模糊综合评价结果向量为

（0.528 7，0.161 2，0.184 1，0.126 0）。按照最大隶属度原则，该部分的费用保证率模糊综合评价结果为高。

（4）整机安全性的模糊综合评价

经相关计算得出，该案例电梯整机安全性的模糊综合评价结果向量为（0.529 8，0.203 9，0.159 5，0.108 7）。按照最大隶属度原则，该案例总的检验保证率模糊综合评价结果为高，说明该案例电梯的检验保证率高。

（三）评估结果分析

分析上述实测记录数据和模糊综合评估数据可知，经过指标评分和模糊综合评定两种方法得到的评估结果具有一致性，且和质量、进度、费用的保证率评估结果也具有一致性，相互验证了两种方法具有一定的可行性。从分项检验保证率的模糊综合评估结果可以看出，分项检验保证率由高到低为进度保证率、费用保证率、质量保证率。从总检验保证率的模糊综合评估结果可以看出，总检验保证率高的概率为 0.529 8，保证率偏高的概率为 0.203 9，该电梯还存在概率为 0.159 5 的偏低检验保证率和概率为 0.108 7 的低保证率。虽然电梯的检验保证率良好，但为了高质量完成检验任务，保证电梯的安全，仍需采用一系列的措施提高电梯的检验保证率。

二、组织措施：机电类特种设备检验的组织体系完善与运行监控

（一）确定质量方针和组织体系的总体要求

①检验机构组织体系的构成应当与其自身特有的检验检测活动和运行方式相匹配。

②组织体系应处于持续改进的状态，以使其能有效参与检验检测活动。

③组织体系应当规范化并始终被获取、理解和执行。

④组织体系的构架应当确保检验检测人员的公正性、客观性。

⑤各环节对组织体系的完善应提出相关建议，检验机构应积极论证并落实有益建议。

（二）资源条件建设

①加强人力资源建设，积极引进新员工。采取公开招聘的方式引进人才，明确招聘人员应具备的素质条件，确保招聘到合适的人员。

②提供专业知识、技能培训，按梯队培养人才。员工素质的高低直接关系到组织质量方针的实现。制定新进人员培训方案，加大对新进人员的培训考核力度，提高检验人员的责任意识和检验能力，确保其能迅速胜任工作。

③人力资源的合理调配，避免人员冗余和浪费。组织构架中对检验业务部、室、站的设立应科学高效，对人员的安排应合理。

④检验车辆及驾驶人员的配备应合理。

⑤检验仪器的采购应保证具有前瞻性和合理性。

⑥应采用便利性和规范性相结合的原则对检验仪器进行管理。

（三）检验质量提升措施

①检验细则的制定。制定检验细则是为了规范检验人员的检验行为，促进检验人员依法检验。其内容应包括检验依据、检验步骤、检验前的准备工作、检验内容、检验方法、检验记录与报告等内容。

②检验细则的控制。作为标准性、责任性的文件，其编号、方法、等级、存档、回收和受控应保持有效性。

③检验方案的制定。检验方案分为标准方案和专门方案，标准方案应由检

验机构技术负责人批准，其内容应包括检验设备的概况、检验类别、现场准备工作内容、检验依据、检验仪器、注意事项和防护要求等，其内容应被检验人员所熟知。专门方案由检验责任工程师编写，用于特殊情况下非常见设备的检验，其内容应符合该设备的特殊性和专业性，并在检验开始前被检验人员掌握。

④设备问题、隐患的发现与识别。检验机构应建立常见设备隐患案例库，通过图片、文字等形式描述常见特种设备的隐患，并鼓励检验人员总结新的案例入库。

（四）检验报告进度提升措施

检验报告即检验机构的产品。若检验报告出具较慢，就无法满足使用单位和管理部门的要求，也不能体现检验机构服务的专业性。保证准确性、规范性和及时性是检验机构出具检验报告需遵循的三个原则。要想提升检验报告进度，需做到以下几点：

①建立规范的检验报告出具流程制度。可采用检验记录流转卡的方式，记录每个环节完成的时间。具体步骤：在检验现场完成原始记录→交由报告编制人员录入→交还检验人员核对检查→报告送审→报告批准→封存打印→盖章发放→建档保存。通过流转卡上记录的时间，我们可判断造成延误、拖沓的环节，并进行相应整改。

②完善检验报告系统。检验报告系统应能体现工作流程，并确保有必要的超期提示来提醒各环节工作人员及时完成其工作，以便顺利进入下一流程。

③及时修订记录报告模板。机电类特种设备的检验规则修订和改版较快，检验原始记录及报告模板的修订要保证及时性、准确性。

（五）绩效管理、运行监控

机电类特种设备检验机构在组织体系的建立上，应该说大都遵守了相关规范和原则。除此之外，这些体系的建立还应有绩效管理作为支撑，不然体系的建立只能停留在纸上。通过对检验质量、检验进度、检验费用等环节的研究，我们可通过影响权重建立关键绩效指标（Key Performance Indicator，KPI）。检验人员及检验机构管理人员等各环节相关人员，其薪酬待遇与绩效考核应和KPI挂钩，对检验制度执行到位、检验数量多、检验过程中发现问题多、工作能力强的人员，应有奖励并体现出级差；对检验制度执行不到位、检验工作量小、难以发现设备隐患、工作能力弱的人员，应有相应处罚。

当然，这一制度执行的前提是检验机构要具备有竞争力的薪酬水平，在目前检验人员较为短缺的情况下，处理不到位可能导致检验人员流失，或影响检验人员工作情绪和工作积极性。对绩效运行过程中出现的问题，组织应充分听取相关意见并及时作出调整改进，使组织体系不断完善。

三、合同（法规）：机电类特种设备相关单位职责与权益的法律保障

（一）落实责任单位主体

机电类特种设备的各相关单位，对机电类特种设备的安全负有相应的法律责任。在实际生活中，一些老旧的机电类特种设备没有管理主体，没有责任单位，其使用处于无序放任的状态。落实主体责任的前提就是落实责任单位和责任人。

《特种设备安全法》第三十八条规定：特种设备属于共有的，共有人可以

委托物业服务单位或者其他管理人管理特种设备，受托人履行本法规定的特种设备使用单位的义务，承担相应责任。共有人未委托的，由共有人或者实际管理人履行管理义务，承担相应责任。对这一条款中提到的未委托情况下的实际管理人，在工作实践中，是很难落实责任的。因此，各地出台了相应的特种设备安全管理办法，以《四川省电梯安全管理办法》为例，其第十三条规定：未明确使用单位的电梯，不得投入使用。电梯使用单位履行电梯安全管理责任。电梯使用单位按下列规定确定：①建设单位在安装电梯后尚未将其移交给电梯所有权人的，电梯使用单位就是建设单位。②委托物业服务企业管理的电梯，电梯使用单位为受委托的物业服务企业。③未委托物业服务企业管理的电梯，有多个所有权人的，应当协商确定电梯使用单位；只有 1 个所有权人的，该所有权人为电梯使用单位；经协商无法确定的，由所在地乡（镇）人民政府、街道办事处协调确定其中 1 个所有权人为电梯安全使用管理的责任人，其他所有权人承担连带责任。④出租配有电梯的场所，租赁合同中应当约定电梯使用单位；未约定或者约定不明的，电梯所有权人为电梯使用单位。只有落实了责任单位或责任人，才能更好地确保机电类特种设备的使用安全。

（二）明确法律法规规定的责任

对于机电类特种设备检验的各个环节的责任权益，相关法律法规都有明确规定。以电梯检验申报受理为例，《特种设备安全法》第八十三条规定：未按照安全技术规范的要求及时申报并接受检验的特种设备使用单位，责令限期改正；逾期未改正的，责令停止使用有关特种设备，处一万元以上十万元以下罚款。《四川省电梯安全管理办法》规定：电梯检验、检测机构应当自受理电梯检验、检测申请之日起 10 个工作日内安排检验、检测；检验、检测工作完成后，应当在 10 个工作日内出具检验、检测报告，并对检验、检测结果和鉴定结论负责。电梯检验、检测机构及其检验、检测人员未按照规定时限开展相应工作的，由负责电梯安全管理的部门责令限期改正；逾期未改正的，处以 5 000 元以上 10 000 元以下罚款；情节严重的，处以 10 000 元以上 20 000 元以下罚款。

在具体的执行过程中，需要管理人员加大执法力度，有法必依、执法必严，才能保障相关单位责任和权益的落实。

（三）提升拟定合同的能力

目前，机电类特种设备的委托检验和安全评价检测等活动，大多采取签订合同、协议等保障双方权益的方式。但由于大部分检验属于法定检验，是不需要通过合同方式确定检验和受检关系的，这就需要检验机构公开检验检测办事程序、收费标准、服务承诺，并主动接受使用单位及管理部门的监督。同时，使用单位也应有效落实自身报检责任，配合检验及相应义务。从发展的角度看，市场化检验检测机构为主要检验检测力量，因此，逐步开展签订合同、协议方式的检验检测业务便于检验检测机构主动适应市场，逐步发展壮大。

四、技术措施：机电类特种设备管理部门、检验机构工作效率和科技素养的提高

（一）管理和检验系统的平台化、一体化

1.建立有效的机电类特种设备安全管理、检验检测信息平台

一种方式是管理机构和检验机构合作共建管理检验一体化信息平台，使管理系统和检验报告系统在同一平台运行。另一种是在已有的检验系统中加入管理系统，开发服务器，实现管理和检验的数据连接。此外，还可以通过办公管理信息平台等其他平台，定时上传相关数据信息，实现信息的同步共享。总之，其目的是通过信息的快速共享，管理机构能够掌握检验检测的第一手信息，检

验检测机构也能及时获得管理机构的有关数据。

2.加强安全管理和检验检测信息的共享交流

相关单位应通过机制化的方式，明确相关人员的信息发布和共享频度。如果检验人员在检验现场发现重大安全隐患，可立即将其拍照上传到专用网络交流平台，实现快速高效的信息共享。

（二）检验工作的标准化、科技化

1.将检验工作流程进行标准化的改造

以常见的曳引式电梯检验中的必检项目为例。第一步：技术资料检查（使用登记资料、安全技术资料、管理规章制度、维护保养合同、作业人员证件）；第二步：乘坐快车（紧急报警装置试验）；第三步：到达顶层（紧急照明试验、光幕检查）；第四步：进入机房检查（主开关及照明开关检查、主机检查、制动器检查及上行制动试验、紧急操作装置及空载曳引力试验、限速器检查及安全钳联动试验）；第五步：进入井道检查（上极限开关检查、轿厢与井道壁间距测量、门锁检查测量、紧急开锁装置检查、自动关门装置检查）；第六步：底坑检查（下极限开关检查、张紧轮开关检查、缓冲器检查及对重越程距离测量）。这样，所用现场检验项目完成。相关单位应按照统一的检验流程对检验人员进行培训，避免出现工作人员在检验过程中漏检项目。当然，对自检单位进行核查和资料核实的其他检验项目，同样可以制定标准化的流程，但不必强制执行。

2.对检验仪器和检验手段的科技化改造

例如，可为每台电梯制作二维码。检验人员到达检验现场后，扫描电梯张贴的二维码，智能终端就可以显示出该电梯的所有信息，并形成检验原始记录，检验人员可在智能终端上判定检验项目的合格与否，完成后提交，后台自动生成检验报告，使用单位管理人员的手机上会显示出检验结果、检验费用、检验报告领取时间等信息。通过对检验仪器和检验手段的科技化改造，检验检测单位可高效、快捷地完成检验工作。

（三）管理工作的数据化

按时将检验数据或结果汇集在表格中，并逐年统计，相关人员即可看到环比、同比数据的变化。这些变化可客观反映管理机构人员的工作情况，以及对检验人员或检验现场的监管强度等情况。

五、管理措施：机电类特种设备管理部门职责和相关单位职责的协调与落实

（一）加强执法能力建设

1.加强管理队伍的素质建设及专业培训

管理人员由于大多不具备专业技术上的学业背景，因此在监督执法时，常常发现不了问题或抓不住主要问题。所以，管理人员应该提高案件审理水平，提高调查取证能力，提高执法水平与抗风险能力。归根结底是加强对管理队伍的培训。

2.加大违法必究的普法宣传力度

对使用单位等责任主体，管理部门应该多组织其学习《特种设备安全法》的有关知识，多加强调法律法规中的责任条款。在执法过程中，要严格遵守工作程序，采用先宣传、重教育、后罚款的方式。

（二）主动向上级部门汇报

机电类特种设备的管理执法具有较强的社会敏感性，比如依法封停违规使用的电梯，可能出现民众不满的群体性事件。所以，对涉及与民生相关且社会影响大的案件，应积极向当地安全管理部门汇报，同时积极向街道社区、公安、安监等相关单位通报，以获得多部门的支持。在突发情况下，应启动应急预案，进行紧急处置。此外，可以通过媒体发布通告，让民众了解相关单位的违规情况以及采取的强制措施，以获得民众的理解和配合。

（三）持续改进、创新服务

对于管理过程中发现的问题，要敢于面对并及时解决；对于投诉的处理，要注意方法，做到既能消除安全隐患，又能产生正面社会效果。可以创新管理方式，如邀请人大代表、政协委员和民众代表等各方面人士参与管理过程；主动上门为使用单位提供服务，帮助其完善管理资料；制定应急预案等。

六、其他措施：机电类特种设备检验机构检验服务的完善

（一）广泛开展便民服务，提升服务质量

机电类特种设备检验机构应把各地实际情况和本行业特点结合起来，积极组织开展机构开放日活动，制定服务质量公约，以抵制市场不良风气。要结合检验机构开放日、质量月等公益主题，组织开展形式多样的公益服务活动，丰富消费者维权知识、检验检测常识，让免费检测检验及咨询等公益服务真正走近群众。检验机构应站在服务对象的角度，不断优化服务流程、创新服务形式、

公开服务费用、增强服务意识、提升便民服务能力。检验机构应通过互联网等平台，广泛开展定制、预约以及上门服务，为使用单位提供便利的检验服务，提升检验服务质量。检验人员及检验机构应及时转变观念，正确理解检验工作就是一种特殊的技术服务，彻底抛弃“检查团”的角色定位，必须注重服务的质量、态度及单位信誉。同时也要防止矫枉过正，认识到服务不是牺牲公正性去迎合客户，客户的满意度是要在保证检验工作的质量和公正性的前提下来提高的。

（二）专业化建设

树立全面质量管理的理念和质量标准化的绩效管理理念，不断提升业务管理、质量控制等能力，创新服务模式，是检验机构开拓进取的有益探索和专业化发展的必然选择。

（三）落实内部审核制度

1.成立内审小组

内审小组通常由检验机构质量负责人召集经验丰富的审核人员组成，审核人员独立于被审核的检验活动，对质量管理现状进行分析，找出问题的原因。

2.编制内审计划

内审计划由质量负责人每年定期编制，是单位定期组织内审活动的主要依据。内审计划的内容应覆盖全部检验工作，针对出现质量事故或客户连续投诉等情况，质量负责人需增加内审内容。

3.实施全面内审

在全面内审中，对检验结果的正确性或运作的有效性有怀疑时，单位应及时采取相关措施予以纠正处理并出具验证报告，对这些措施进行跟踪验证。

4.编制内审报告

在内审结束后一周内编制内部审核报告，以备提交管理评审。

（四）接受监督，提升客户满意度

传统的政府工作模式、组织形式与公众的需求有较大的差距。加强检验机构与公众间的沟通交流，可以更好地让公众了解检验机构的工作流程和服务水平，也可以确保公众参与并进行有效的监督，使公众成为参与者和建议者。通过让客户匿名填写检验工作监督卡，对机电类特种设备检验工作质量的情况进行调查，主要是对检验人员在检验收费、检验程序完整性、检验服务和文明程度、有无“吃拿卡要”行为及有无监制、监销特种设备行为的调查。调查结果分为“不满意”“一般”和“满意”三种。通过定期发放、回收监督卡，并对卡上内容进行统计分析，检验机构可及时发现问题并进行整改，进而提升客户满意度。

（五）提供“互联网＋检验服务”

在信息化发展如此迅猛的环境下，检验机构应适应时代发展，提供“互联网＋检验服务”，实时掌握设备的运行、安全状况，实现风险提示、事故预警。基于移动互联网速度的不断提升，大数据业务和物联网得到了快速发展。近年来，我国政府对物联网的发展做了重要规划。特种设备检验机构应以客户需求为中心，建立特种设备检验信息网、公众服务号等多种方式的特种设备检验信息服务平台，运用大数据和物联网的技术和思维，整合特种设备使用、检验、维保等环节的信息，实现线上到线下供需对接，为用户提供现场检验安排、检验到期提醒、报告领取等服务。“互联网＋检验服务”的模式方便用户进行检验进度查询和特种设备安全咨询。

总之，在信息化浪潮的推动下，检验机构应利用互联网技术不断提升服务质量，树立良好的形象。

七、评价结果分析

Y 市特种设备检验机构采取以上改进措施，对一台曳引式客梯开展检验工作。其工作流程如下：用户咨询检验→用户下载检验资料表格→用户网上提交报检申请及资料→检验机构核实资料，符合相关要求→检验受理并开具派工单→安排检验人员→调出检验方案及细则→联系维保单位配合检验→检验用车及检验仪器领取→检验出发前通知当地监察人员→到达现场开展标准化检验程序→核实派工单参数费用→监察人员监督现场→填写完成原始记录→填写监督卡→填写原始记录流转卡，同原始记录交由报告编制人员录入→交还检验人员核对检查→报告送审→报告批准→封存打印→盖章→网上通知用户领取报告→用户缴费领取报告→用户带回监督卡→建档保存→检后 KPI 考核。实际操作后验证，该电梯检验的流程趋于规范化，该检验机构的检验质量得到提升。

第四章　特种设备安全管理系统的分析、设计与实现

第一节　相关技术概述

特种设备由于使用时间较长，容易受到内部与外部要素的干扰，因此极易出现安全方面的事故。一旦这些设备出现安全事故，很容易导致人员伤亡，甚至导致群死群伤。换句话说，特种设备的安全隐患会对人们的安全造成威胁，并且会对国家的政治、经济还有社会的发展产生一定的负面影响。要想把这些负面影响降到最低，我们可以在创新特种设备安全管理系统方面做出努力。特种设备安全管理的相关技术主要有以下几种。

一、Java EE 技术

Java EE（Java 2 Platform Enterprise Edition）是 Sun 公司推出的企业级应用程序版本。这个版本以前称为 J2EE，其能够帮助我们开发和部署可移植、可伸缩且安全的服务器端 Java 应用程序。Java EE 是在 Java SE 的基础上形成的，它提供 Web 服务、组件模型、管理和通信应用程序接口等服务。

Java EE 平台对 Web 的多层应用提供技术支持，其包含的核心技术有十多种，其中较为基础的有如下几种。

①JDBC（Java Database Connectivity），提供连接各种关系数据库的统一接口，可以为多种关系数据库提供统一访问路径。JDBC 对开发者屏蔽了一些实现细节，其对数据库的访问与平台无关。

②JavaBeans，一个开放的标准的组件体系结构，它独立于平台，但使用 Java 语言。一个 JavaBean 是一个满足 JavaBeans 规范的 Java 类，通常定义了一个现实世界的事物或概念。

③Java Servlet，一种小型的 Java 程序，它扩展了 Web 服务器的功能。其作为一种服务器端的应用，重在逻辑控制。

④JSP（Java Server Page），服务器在页面接收到客户端的请求后，对 Java 代码进行处理，然后将生成的 HTML 页面返回给客户端的浏览器。

⑤XML（Extensible Markup Language），可扩展标记语言，一种用来定义其他标志语言的语言。

⑥EJB（Enterprise Java Beans），使开发者方便地创建、部署和管理跨平台的基于组件的企业应用。

二、工作流技术

工作流源于办公自动化领域，适用于人们日常生活中具有固定程序的活动。企业通过将工作分解成一系列任务，让员工按照一定的规则和过程来执行这些任务，并对其实行监控，从而提高工作效率，降低生产成本，更好地实现经营目标。

20 世纪 80 年代初期，计算机尚未作为信息处理的工具，计算机软件不能提供需要的业务支持，工作流中涉及的工作是由人工来完成的。当时信息传递中不可替代的载体是纸张，这种古老的载体在信息的处理、存储和查询检索上效率很低，无法对客户需求作出快速响应，这会给企业的生产经营带来不利影响。

随着计算机的普及和企业信息化水平的提高，无纸化办公环境越来越成为企业业务人员迫切需要的工作环境，表单传递应用系统应运而生。该系统可以看作现在工作流管理系统的雏形，但是其适用的环境简单，提供的功能不完善，性能与系统结构也不先进。

20世纪80年代中期，File Net和View Star等公司率先开拓了工作流产品市场，成为最早的一批工作流产品供应商。它们把图像扫描、复合文档、结构化路由、实例跟踪、关键字索引，以及光盘存储等功能结合在一起，形成了一种全面支持某些业务流程的集成化的软件（包），这就是早期的工作流管理系统。工作流最初就是作为一种面向过程的系统集成技术而出现的，只是限于当时的计算机发展水平，其集成的功能有限。

20世纪90年代以后，随着计算机技术的发展，尤其是网络技术的广泛应用，现代企业的信息、资源越来越表现为一种异构、分布、松散耦合的特点，企业的分散性、决策制订的分散性对日常业务活动的详尽信息需求，以及客户/服务器体系结构、分布式处理技术的日益成熟都说明异构分布执行环境代替过去的集中式处理成为一种趋势。在这种技术背景下，工作流管理系统也逐渐成为同化企业复杂信息环境，实现企业业务流程自动化的工具。这把工作流技术带入了一个崭新的发展阶段，使人们从更深的层次、更广泛的领域对工作流技术展开研究。

为了更好地促进和规范工作流技术的发展，工作流技术的标准化组织——工作流管理联盟（Workflow Management Coalition, WFMC）于1993年成立，这是一个由研究机构和相关企业共同成立的开放式、非营利组织，其目标是通过开发公共技术和标准来促进工作流技术的发展和应用，使工作流产品的提供商和用户都受益。WFMC 的成立标志着工作流技术成为计算机技术研究领域的一个独立分支，它确定的标准、规范、概念和术语等也得到了普遍承认。

工作流的概念虽然已经出现很长时间了，但是还没有统一的定义，不同的研究者对工作流分别给出了不同的定义。我们认为工作流是通过计算机软件进行定义、执行并监控的过程，而这种计算机软件就是工作流管理系统。它区别了工作流与一般的工作流程：前者需要借助计算机软件来完成，并完全在软件系统的控制之下；而后者则没有这种约束，其中的某些步骤可能也需要用到计算机，但这只不过是局部的计算机应用，整个过程是不在计算机控制之内的。

为实现某个业务目标，在多个参与者之间利用计算机，按某种预定规则自动传递文档、信息或者任务。要解决这些问题工作流需要具备相应的基本功能。工作流的基本功能包括以下几个：

①业务过程的自动化通过流程定义来加以说明，可以识别多种过程活动、程序规则和关联控制数据，以用于管理工作流的设定。

②许多实例的流程在制订过程中都有可操作性，与该实例有特定的数据关联。

③生产型工作流有时稍显不同，大部分的程序规则被提前定义，即设定型工作流，但也可以在操作过程中加以修改和创建。

三、Oracle 数据库

Oracle 是以高级结构化查询语言（Structured Query Language, SQL）为基础的大型关系数据库，通俗地说，它是用方便逻辑管理的语言操纵大量有规律数据的集合，是目前最流行的数据库之一。

Oracle 数据库的优势有以下几个：

①Oracle 引入了共享 SQL 和多线索服务器体系结构，减少了 Oracle 的资源占用，并增强了 Oracle 的能力，使之在低档软硬件平台上用较少的资源就可以支持更多的用户，而在高档平台上可以支持成千上万个用户。

②提供了基于角色分工的安全保密管理服务。在数据库管理功能、完整性

检查、安全性、一致性方面都有良好的表现。

③支持大量多媒体数据，如二进制图形、声音、动画，以及多维数据结构等。

④提供了与第三代高级语言的接口软件，能在 C、C++等主语言中嵌入 SQL 语句，对数据库中的数据进行操纵。Oracle 数据库有许多优秀的前台开发工具，可以快速开发和生成基于客户端平台的应用程序，并具有良好的移植性。

⑤提供了新的分布式数据库，可通过网络较方便地读写远端数据库里的数据，并有对称复制的技术。

Oracle 的服务器（Server）由实例与数据库这两个实体构成，这两个实体虽然相互独立，但也是相互联系的。在创建数据库的过程中，先是建立数据库实例，之后进行数据库的配备，最后完成最终的创建。

Oracle 数据库产品从 Oracle 2.0 开始（没有 1.0）一直到 Oracle 7.3.4，都只是简单的版本号。但从 Oracle 8 开始，就出现了数据库产品特性的标识符。如 Oracle 8i 和 9i（i 是 Internet 的缩写），表示该产品全面支持 Internet 应用。简单地说，就是融入了 Java 技术和对 Java 的支持。

四、Web 服务器

Web 服务器是运行及发布 Web 应用的容器，指互联网计算机设备上所存放的某种类型计算机程序，可以处理、响应浏览器、小程序、微服务等 Web 请求。只有将开发的 Web 项目、资源放置到该运行容器中，才能让远程用户通过网络进行访问。开发 Java Web 应用所采用的服务器主要是与 JSP/Servlet 组件兼容的 Web 服务器。

作为一种资源的组织和表达机制，Web 已成为 Internet 最主要的信息传送媒介，而 Web 服务器则是 Web 系统的一个重要组成部分。完整的 Web 结构应包括超文本传输协议（Hypertext Transfer Protocol, HTTP）、Web 服务器、通用网关接口、Web 应用程序接口、Web 浏览器。

通常来说，Web 服务器以 HTTP 为核心，以网络产品界面设计（Website User Interface, Web UI）为导向。对于一个应用服务器程序来说，客户端、服务器端、通信交互协议、服务器端的资源这四个元素是必不可少的。客户端通过相关协议发送请求到服务器端，服务器端通过通信协议返回响应内容给客户端。

Web 服务器的工作过程可以分为四个阶段：连接、请求、应答、关闭连接。Web 服务器通信的四个阶段紧密相连、相互依赖，可以支持多进程的并发操作。

第一阶段：在 Web 服务器端和客户端应用程序之间，通过指定的协议建立一条通信渠道，以供数据交互服务。在这一阶段主要完成两个操作：首先浏览器发出请求，表示要和服务器端程序通信，然后浏览器通过 Socket 连接与服务器建立 TCP（Transmission Control Protocol）交互信道。其中，Socket 是一种特殊的文件，也叫作套接字，是应用层与协议族通信的中间软件抽象层。

第二阶段：客户端应用程序通过之前创建的通信渠道向其服务器端发起数据交互请求。在这一阶段，第一步是浏览器首先将请求的数据装入 HTTP 格式协议，封装成通信数据包；第二步是把封装好的数据包写入信道，并发送到服务器端。

第三阶段：服务器端接受客户请求，并把响应数据传输到 Web 客户端。第一步是对接收到的数据包以超文本传输协议的格式进行逆向解析，得到请求的原文；第二步是进行数据处理，如检索数据、更新数据、插入数据、删除数据等；第三步是把响应数据再次以 HTTP 格式封装成数据包；第四步是把数据包通过之前创建好的信道发送到浏览器。

第四阶段：与客户端完成一次数据交互后，Web 服务器断开之前创建的信道，释放资源，完成交互过程。在此阶段，第一步是接收服务器端的响应数据包；第二步则同样以 HTTP 的格式对数据包进行解释；第三步是输出展示相关信息到视图页面；第四步是断开本次交互所创建的连接信道，释放相关资源，一次完整的交互请求至此完成。

第二节　特种设备安全管理系统分析

系统的调查与分析是特种设备安全管理系统开发的第一个阶段，也是一个最重要的阶段。它的主要任务是对现行系统进行调查、分析、论证，以及在此基础上提出新的系统方案，建立特种设备安全管理系统的逻辑模型。

一、特种设备安全管理系统总体设计目标

开发新的特种设备安全管理系统主要是为了按照当前特种设备安全管理政策，如《特种设备安全监察条例》和《特种设备作业人员监督管理办法》，结合现代计算机网络技术、信息处理技术，以及规章制度，研究基于网络的特种设备安全管理方法和模型，在此基础上形成特种设备安全管理一体化流程，为生产厂家的特种设备安全管理工作构建一个综合性的管理环境，实现特种设备安全信息的集中管理、分散操作和网上发布。

安全管理系统技术性能要满足以下要求：

①能否真正实施使用，是本系统开发设计的关键。因此，要充分调查分析《特种设备安全监察条例》等相关法律法规，保证系统开发符合特种设备管理的实际需要。

②人机界面友好、操作灵活，键盘能完成全程操作，输入输出要方便快捷，

符合用户的使用习惯。

③具有良好的可靠性、稳定性和可维护性，具备检错、纠错和容错能力，能不间断连续工作，局部故障不应危及整个系统并能快速恢复。要保证录入的各类信息的安全性和准确性，并提供由于意外造成数据丢失的可恢复操作的途径。在系统运行时，系统管理员要能对整个系统运行状况进行有效的协调与控制。

④数据库设计具有一致性、完整性、安全性、可伸缩性、规范性。数据库的使用必须确保数据的准确性、可靠性、完整性、安全性及保密性。具备强大的联机事务处理功能，有较强的数据处理能力和较快的查询检索速度。

⑤具有高度的安全性。在系统中，要保证各类用户访问数据的权限，要有防止黑客及病毒侵扰的措施。在网络环境下，需要使用多种技术手段保护中心数据库的安全。

⑥具有良好的开放性和可扩展性，基础数据要规范、统一，能适应特种设备管理规范和计算机技术的发展，能适应特种设备管理信息需求的不断变化。

二、特种设备安全管理系统总体需求分析

与安全管理系统相关的主要外部实体包括使用单位、生产单位、行政监察部门（司法机关）等。

根据特种设备管理任务、流程的详细调查，特种管理系统应具备以下三部分内容。

（一）特种设备监督部门内部的特种设备安全管理系统

该系统负责描述系统内部各部门的功能模块定位、组成结构、表现行为，以及各模块之间所形成的关系流程。主要功能包括：负责特种设备注册登记、

进行特种设备检验通知、生成特种设备检验计划和员工上岗培训计划，以及进行检测费用管理、检测管理、工具管理等。

（二）特种设备数据管理系统

该系统负责描述系统内部的数据处理过程。主要功能包括：特种设备区域分布与汇总统计、检验开票汇总、财务收款汇总、检验费用汇总，形成各种检测统计报表，并向行政监督部门和司法机关上报报表等。

（三）浏览器/服务器模式的安全管理系统

特种设备使用单位分布范围较广，为方便使用单位注册登记特种设备、查询检测相关数据，建议特种设备安全管理系统支持浏览器/服务器模式。

三、特种设备安全管理子系统需求分析

以下重点介绍特种设备监督部门内部的特种设备安全管理系统中的特种设备检验管理、检验费用管理和特种设备操作人员上岗培训管理三个子系统的需求分析。

（一）检验管理需求分析

1.检验管理流程分析

特种设备监督部门要对已到期需检设备、上次检验不合格设备、验收检查设备、行政监察部门（司法机关）指定要检测的设备进行监测，制订检验计划，向使用单位和生产单位发出检测通知，若没有收到使用单位或生产单位的回执单，则需要发催检通知。

特种设备监督部门收到使用单位和生产单位的回执单后，制定检验方案，

检验员开展现场检测，记录检测数据和校对原始记录，提交检测原始记录，生成检测报告。特种设备监督部门组织专家审核检测报告。根据检测要求，审核分一级审核和二级审核，审核结束后向使用单位、生产单位、行政监察部门等发送正式的检测报告。若审核检测结果不符合要求，则需再次向使用单位、生产单位发出检测通知，同时报告行政监察部门。如果检测要收费，且使用单位、生产单位没有交费，则需要发催费通知。

完成阶段性检验任务后，统计检验员检验工作量，统计检验结论。检验管理流程如图 4-1。

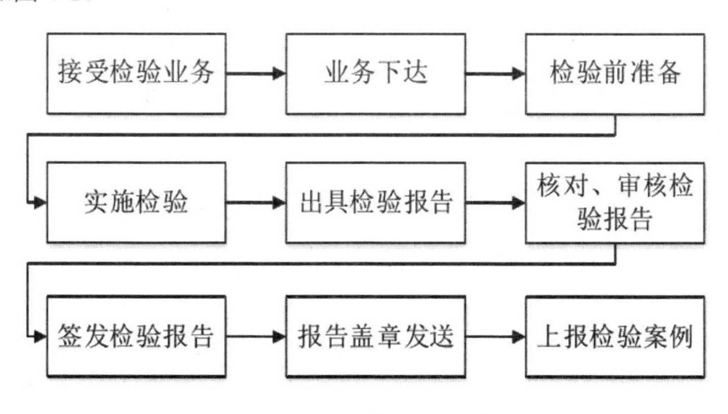

图 4-1　检验管理流程图

2.检验管理数据字典

（1）数据流

检验计划信息＝受检单位＋检验地点（省、市、县、乡镇、村）＋电话＋设备类型＋注册号＋使用证号＋设备型号＋产品编号＋制造单位＋制造日期＋计划检验日期＋检验类别＋交通工具＋指派检验员＋备注

检验任务信息＝计划检验日期＋检验类别＋受检单位＋检验员＋交通工具＋单位地址＋检验地点＋联系人＋检验准备＋注册号＋设备型号＋计划进程

（2）存储数据

特种设备使用登记信息＝设备类型＋登记表编号＋注册登记机构＋登记日期＋设备注册代码＋使用单位＋安全管理人＋制造单位＋制造日期＋安装竣工日期＋使用证书编号＋检验机构＋检验状态

特种设备检验报告信息＝报告编号＋设备注册号＋使用单位＋设备型号＋制造日期＋检验员＋检验日期＋检验结论＋下次检验日期

检验记录信息＝检验类别＋受检单位＋设备注册号＋设备类型＋设备型号＋计划检验日期＋检验地点＋详细地址＋联系人＋联系电话＋制造单位＋设备种类＋交通工具＋检验准备＋上次检验日期＋使用证号＋制造日期＋检验计划编号＋计划进程＋检验员

（3）加工说明

①制定检验计划。加工逻辑：根据上次检验记录，系统自动查询和汇总待检验设备，安排下一阶段的检验任务。

②任务派发。加工逻辑：根据制定的检验计划，将检验任务安排给检验员。

③原始记录录入。加工逻辑：将使用压力、出口温度、阀门状态等检验数据录入系统。

④审核记录。加工逻辑：对检验员检测的使用压力、出口温度、阀门状态等数据进行校核、审核和批准。

⑤生成报告。加工逻辑：检验员的检验记录，经过校核、审核和批准后生成检验报告。

（二）检验费用管理需求分析

1.检验费用管理流程分析

检验员完成特种设备检验后便将检验记录录入系统，保存原始记录日志（含检验费用信息）。检验员向特种设备使用单位开出检验费用发票，收取检验费。如果特种设备使用单位没有按时交费，则需发出检验费预警，核对检验费是否有误，发催款通知。检验机构收到检验费后，取消检验费预警。检验费用管理流程如图 4-2。

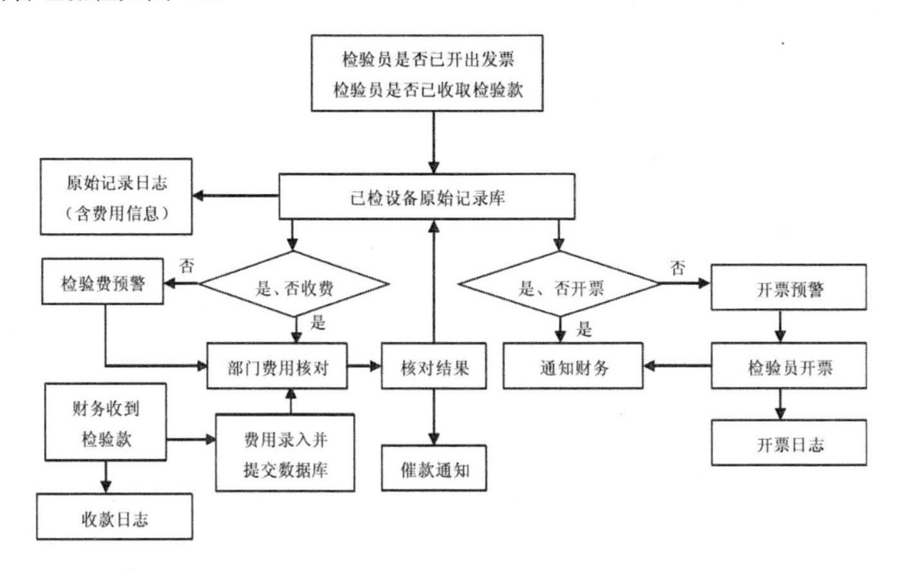

图 4-2 检验费用管理流程图

2.检验费用管理数据字典

（1）数据流

检验发票信息＝发票号＋开票日期＋开票金额＋受检单位＋检验人＋检验部门＋开票人＋预警日期＋备注

缴费单信息＝缴费单号＋交费日期＋交费单位＋收费单位＋缴费金额＋缴费人＋备注

开票汇总信息＝开票部门＋开票人＋受检单位＋检验人＋开票日期＋预警日期＋开票金额＋收款金额＋应收金额

收款汇总信息＝收款单位＋收款日期＋检验部门＋检验员＋收款金额

费用明细信息＝发票号＋受检单位＋开票金额＋开票日期＋收款单位＋收款金额＋收款日期＋开票人＋收款人＋收款方式＋收款状态

（2）存储数据

开票记录信息＝发票号＋开票日期＋开票金额＋受检单位＋检验人＋开票部门＋开票人＋预警日期＋备注

收款记录信息＝发票号＋开票日期＋受检单位＋开票金额＋收款部门＋开票人＋备注

（3）加工说明

①检验开票。加工逻辑：检验员完成检验任务后，向受检单位开出发票。

②财务收款。加工逻辑：检验员完成检验任务后，受检单位向检验机构缴纳检验费。

③检验开票汇总。加工逻辑：为了方便统计，按开票部门、开票人、受检单位、开票日期、预警日期分类汇总开票。

④财务收款汇总。加工逻辑：按收款单位、收款日期、检验部门、检验员、收款金额分类汇总收款。

⑤检验费用明细。加工逻辑：为了方便统计，按受检单位、开票部门、开票时间、收款日期等分类汇总检验费用。

（三）上岗培训管理需求分析

使用单位安排新员工使用、操作特种设备，或购买、安装新的特种设备，都要对特种设备操作人员进行培训。

1.上岗培训管理流程分析

（1）制定培训计划

特种设备监察部门根据特种设备使用单位的人员培训需求，制定特种设备操作人员培训计划。

（2）报名登记

特种设备操作人员根据培训计划报名参加培训。

（3）培训信息登记

登记参加培训人员的信息、培训项目、培训地点、考核时间、报名时间、文化程度、培训费用、交费情况等信息。

（4）组织考核

培训结束后，安排考核，登记理论考试时间、实践考试时间、理论考核成绩、实践考核成绩等考核信息。

（5）证书打印

打印参加培训、通过考核人员的证书，保存操作人员的作业种类、资格项目、证书编号、发证机关、发证时间、发证有效期等信息。

（6）统计

按培训项目、培训时间、有效期限等类别统计培训考核信息。上岗培训管理业务流程如图 4-3。

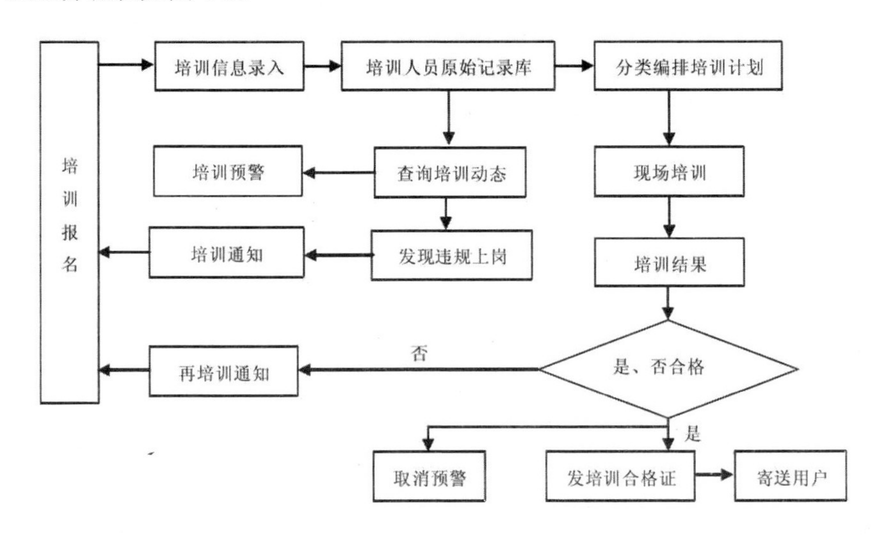

图 4-3 上岗培训管理业务流程图

2.上岗培训管理数据字典

（1）数据流

报名单信息＝姓名＋性别＋身份证号＋出生年月＋文化程度＋岗位实习工作年限＋培训项目＋联系电话＋所属乡镇＋所属单位＋报名时间＋培训费用＋紧急联系人＋地址＋备注

证书信息＝姓名＋身份证号＋作业种类＋资格项目＋证书编号＋发证机关＋发证时间＋证书有效期

（2）存储数据

报名信息＝姓名＋性别＋身份证号＋出生年月＋文化程度＋岗位实习工作年限＋培训项目＋联系电话＋所属乡镇＋所属单位＋报名时间＋培训费用＋紧急联系人＋地址＋备注

培训信息＝姓名＋性别＋出生年月＋文化程度＋岗位实习工期＋培训项目＋联系电话＋地址＋所属单位＋班级＋培训时间＋培训地点＋理论考核时间＋实践考核时间＋报名时间＋交费情况

考核信息＝姓名＋性别＋培训项目＋培训状态＋所属单位＋交费情况＋理论考核时间＋实践考核时间＋理论考核成绩＋实践考核成绩＋培训时间＋培训结果＋发证时间＋资格项目＋备注

证书信息＝姓名＋身份证号＋作业种类＋资格项目＋证书编号＋发证机关＋发证时间＋证书有效期

（3）加工说明

①培训报名。加工逻辑：特种设备使用单位根据本单位的用工情况，上报参加培训的人员信息，缴纳培训费。

②培训。加工逻辑：特种设备监察单位根据使用单位的报名情况，开展培训。

③考核。加工逻辑：对参加培训的人员进行考核，登记理论考核时间、实践考核时间、理论考核成绩、实践考核成绩等信息。

④发证。加工逻辑：向通过考核的人员发放证书，登记姓名、身份证号、作业种类、资格项目、证书编号、发证机关、发证时间、证书有效期等信息。

⑤统计。加工逻辑：统计报名信息、培训信息、考核信息、证书信息等。

第三节　特种设备安全管理系统设计

一、系统应用框架

特种设备安全管理系统的应用框架主要分为三层：外部服务平台、数据交换平台、内部办公平台。其中，外部服务平台具有网上服务、申报、办理、查询、投诉、监督等功能；数据交换平台是指将分散建设的若干应用信息系统进行整合，通过计算机网络构建信息交换平台；内部办公平台负责系统管理、业务管理、科技管理、统计分析等一系列业务。

二、系统设计原则

（一）实用性原则

能否真正实施使用，是本系统开发设计的关键。设计者应在充分进行调查分析的基础上，使开发的系统满足用户的实际需要。

（二）基础编码的统一性原则

系统设计虽然要考虑特种设备的实际情况，但也要注意各类基础编码的统一性。

（三）规范性原则

系统设计要注重在信息编码、数据接口、程序设计、用户界面、安全体系等方面的规范性，开发完成后应提供规范、完整的技术文档及用户使用手册。

（四）可靠性原则

系统设计要保证各类录入信息的安全性和准确性，并提供由于意外造成数据丢失的可恢复操作的途径。

（五）安全性原则

系统安全是一项复杂的综合工程，设计时要保证客户端与数据库连接的安全。在系统中，研发人员要针对各类用户设置相应的数据访问权限。

（六）可管理性原则

系统管理在整个系统运行过程中起着重要作用。在系统运行时，系统管理员要能对整个系统的运行状况进行有效的协调与控制。

（七）高效率原则

系统要充分利用计算机技术，加强对特种设备质量的监控，从而提高特种设备安全管理工作的效率。

三、系统模块设计

①评审管理模块：具有网上预约、任务分配、评审报告、专家管理、报告打印、发证管理等功能。②检验管理模块：具有外网申报、任务分配、检验准备、出具报告、报告打印、统计分析、更新设备信息等功能。③统计分析模块：具有各分院报告分析、各类报告分析、按部门分析、按检验员分析、按时间段分析等功能。④培训管理模块：具有班级管理、通知管理、发证管理、学员管理等功能。

四、系统部署架构

特殊设备的检验管理体系应与信息化经营管理体系相结合，如经营管理体系出具了检查报告之后，检验管理体系将自动刷新装备数据，从而完成动态管理。

五、数据库设计

数据库的设计是特殊设备检验管理体系设计过程中非常关键的内容。数据库的设计质量直接影响系统的运行效率和用户对数据使用的满意度。在一个给定的应用环境中，设计者应构造最优的数据库模式，建立数据库及其应用系统，将数据信息通过某种数据模型组织起来进行存储。

在设计数据库时需要使用许多类型的信息表，以下仅列出一些重点使用的信息表。

①关于企业客户的数据表。储存企业客户在外网中的注册数据，主要字段

包括系统编码、单位类型、单位名称、组织机构代码、联系人、单位地址、法人代表、邮编、成立日期、经营范围、从业人数、电话、手机、传真、邮箱、企业在区行政代码、经济类型、批准成立机关、营业执照登记机构、营业执照注册号、固定资产（万元）、注册资金（万元）、质量负责人。

②关于个人客户的数据表。储存客户（涵盖个人、管理员这两类客户）在外网中的注册数据，主要字段包括系统编码、用户类型、真实姓名、性别等一系列相关内容。

③关于定期检查装备的提示单。主要字段包括系统编码、外键、设备类别、设备名称、规格型号、注册代码、检验有效期。

④关于特殊设备的检查申报数据表。主要字段包括系统编码、申报单位、地址、邮编、申报人、联系电话、申报日期、设备台数、检验机构、申请类型。

⑤关于定检申报装备的数据表。主要字段包括系统编码、报检单、管理单位、设备库。

⑥关于任务配备方面的数据表。主要字段包括系统编码、业务科室、大厅人员、大厅分配时间、备注。

⑦关于工作方面的任务数据表。主要字段包括系统编码、检验项目负责人、检验人员、科室负责人、任务分配时间、备注。

⑧关于检查方案方面的数据表。主要字段包括系统编码、工作任务单、方案名称、方案编号、制定人员、检验类型、检验日期、备注。

⑨关于导入工作的配备表。主要字段包括系统编码、录入主管、任务分配时间、接收任务人、完成时间、备注。

⑩关于检查报告的发放登记表。主要字段包括系统编码、报检单位、发放时间、领取人、发放人、检验人员、备注。

第四节　特种设备安全管理系统实现

一、检验管理

特种设备的监督检验分为定期检验、型式试验和无损检验。检验管理子系统实现了检验计划来源处理，其主要功能模块为制订检验计划模块、派发任务模块、原始记录录入模块和审核记录模块。

（一）制订检验计划模块

1.确定检验任务

新安装注册的特种设备、已到期需定检特种设备、上次检验不合格的特种设备、验收检查特种设备、行政监察部门（司法机关）指定要检测的特种设备要开展检测。

2.计算检验任务法定检验日期

对确定要检验的设备，计算法定检验日期。按检验时间排序，制定检验计划。生成检验计划的流程图，如图 4-4。

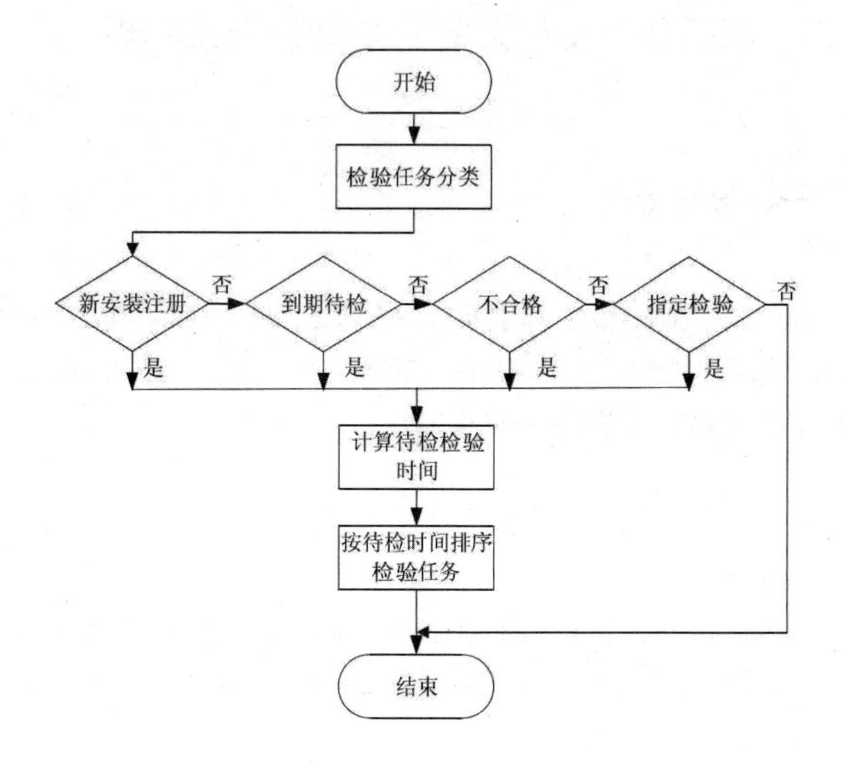

图 4-4 检验计划流程图

检验计划包括设备注册号、设备类型、设备制造日期、受检单位名称、所属县市、所属乡镇、单位地址、检验项目、检验日期、具体任务、进程、录入日期、归档日期、检验结论、整改意见等。

（二）派发任务模块

检测单位在生成检验计划后，需将每一项检验任务派发给检验员。派发检验任务的原则是：检验员的专长与检验任务相匹配；检测单位应公平地派发检验任务。如没有专长与检验任务相同的检验员，则匹配专长与检验任务相近的检验员。

（三）原始记录录入模块

检验员完成检验后，录入相关的检验数据，具体包括：设备表面裂纹程度、腐蚀程度、局部变形程度、安全阀数量及有效期、压力表数量及有效期、液位计测量精度、检验类别、受检单位、注册号、设备类型、计检日期、检验地点、详细地址、联系人、联系电话、制造单位、设备种类、产品编号、上次检验日期、使用证号、制造日期、计划编号、计划进程、检验员。若输入错误，则可以查询后修改。

（四）审核记录模块

原始检验记录输入后，需要对记录进行审核。审核记录分校对、审核、批准三步。

校对：校对是有一定权限的管理人员的工作。管理人员将录入的检验记录进行校对，校对通过则进入审核程序。

审核：记录通过校对后，审核人员对记录进行审核。

批准：通过审核的记录，由领导审批。

校对、审核、批准由不同权限或不同级别的管理人员实施。

检验原始记录按审核流程分为六种状态，分别是已录入未校核、已校核待审核、审核未通过、已审核未批准、批准未通过、批准通过。

二、评审管理

评审管理系统包括评审约请、评审收件、评审报告导入等一系列相关内容。

（一）评审约请

公司登录评审管理系统页面，可以看到评审约请的相关数据，查找等候约请的申请单，单击评审约请。导入约请评审的具体时间，单击确认，从而确定相关的约请。

（二）评审收件

评审机构登录评审管理界面可进行评审收件。查询待评审收件的申请单，单击约请确定，查看审查建议，假如顺利通过，则需要选取评审组的人员，假如没有通过，则不进行展示。在顺利通过之后，需要选择评审时间，之后进行确认。

（三）评审报告导入

选取报告进行导入，假如需要修改评审的结论、评审组的成员名单，则应当填写评审工作备忘录，顺利完成以后按下确认键，上传电子数据，点击提交，则评审结束。

三、培训管理

公司的学员在学习某个章节后，需进行测验。登录管理系统，进入培训管理页面，点击测验，该系统能够自动形成考卷，之后学员可进行作答、提交。在学员提交试卷后，该系统可自动批改考卷，算出公司学员这次测验的得分，进而判断该学员这次测验有没有通过，是不是可以转入下个章节的研习。对于错题数据，该系统可将其自动归入与该学员对应的错题库内，进而在实现在线测验这一功能的前提下，通过技术方面的措施提高公司学员实施线上学习的成效。

四、统计分析

管理人员成功登录该系统后台以后，在资讯数据发布功能板块填入对应的资讯数据并提交发布，系统先进行顾客端的检验，检验目前资讯数据的科学性。假如检验没有通过，那么系统会进行对应的提醒；假如顾客端顺利通过了检验，那么这些资讯数据会被提交至服务器端，由服务器端实施对应的科学性检验，重点是避免自动模式的恶性袭击。

第五节　系统测试

随着软件应用范围的不断扩大以及设计复杂度的不断提高，软件开发中出现错误或缺陷的概率越来越大。同时，随着市场对软件产品质量重要性认识的逐渐增强，系统测试在软件开发过程中的重要性日益突出。

一、测试目的与测试环境

为保障特殊设备的安全管理系统能够平稳运行，在完成系统开发后应当对其进行具体、科学的软件测试。在测试流程内使用不同的测试工具可以查出系统中存在的漏洞，检查出错的原因，切实保障系统的平稳运行。

（一）测试目的

系统测试通常可以检验系统是不是符合客户在功能方面的要求。此流程有助于系统的二次研发与更新换代。测试的具体目的有 3 个：①检验程序员研发的系统是否符合客户的要求，拥有的功能是否能让客户有效地运用；②为系统的牢靠性提供相关参照；③查出系统隐藏的漏洞，以及系统需要改良的内容。

（二）测试环境

通过相关的调查与真实的解析，这里指出的以 Web 为基础的关于特殊设备安全管理系统的测验条件有以下几个：①在 4G 网络或是无线网络条件下；②选用浏览器/服务器模式；③选用 Oracle 9i 这种数据库管理系统；④选用 Java EE 这种技术进行开发；⑤关于 CPU 主频的最低条件是双核、2.66 GHZ，关于内存最低选用 2 G，关于操作体系则选定 Windows7；⑥关于应用程序则选定特殊设备的管理系统。

二、测试内容

（一）系统功能测试

关于系统功能测验，主要有两种类型，第一类是白盒测验，第二类是黑盒测验。白盒测验其实是测验程序的内在逻辑架构，测验程序是不是参照设计准确实施。黑盒测验其实是无须清楚具体的实现过程，仅需指引导入与导出，测验导出是不是与预测的结果相符。这种特殊设备的安全管理系统选用黑盒测验这种办法，参照测验大纲编定对应的测验用例，依据测验用例检查系统是不是可以提供相应的功能。

详细的测验办法有以下几种：①准确信息导入，看检验系统是不是可以列出本有的导出；②导入错误的信息，看检验系统是否对错误的数据有相应的响应；③界面上关于控件的回应事件是否和系统规划的功能相符；④系统内的逻辑判断是否与实际业务过程相符。

（二）系统界面测试

关于界面，它的格调与布局在很大程度上影响了系统的可用性。在测验流程内，不但需要保障系统页面的美观性，还要保障系统前台的相关功能。重点测验内容如下。

1.关于导航方面的测验

Web 系统的导航构架应当做到简单易懂。以 Web 为基础的特殊设备的安全管理系统在通过测验之后，系统导航方面的功能应符合客户的相关要求。

2.关于页面内容方面的测验

页面内容方面的测验主要是用来检查 Web 系统供应的页面是不是可以准确展示相关的内容。它具有以下特性。①准确性。页面中的相关数据务必确保合理、合法，并且具备精确一致的特性。以 Web 为基础的特殊设备的安全管理系统能够从数据库读取相关的信息，系统展示的信息和导入的信息应完全相符。②健全性。所有信息的导入均要求通过信息的合法性检查，假如导入的信息是不合法的，那么系统会给出错误的提醒，并且重新导入相关的信息。③美观性。界面的规划是不是美观，包括背景图片与操控页面是不是友好等一系列内容。

三、测试用例与测试结果

（一）用户登录测试

客户先是经过系统转入登录的页面，在对应的文本框中导入客户名和口令，系统参照客户导入的信息在后台确认，从而确保登录客户的身份真实有效，并且确保其具备的系统权限。

假如客户的身份顺利完成确认，那么转入主页面。

在运转程序之后，登录界面导入几组客户名与口令的组合。比如输入准确的客户名与准确的口令，准确的客户名与有误的口令，测验系统登录功能是否可以正常使用。

（二）检验管理测试

检验管理是重点功能板块，涵盖业务受理、任务分配、检查准备、报告经管、收费经管等一系列相关的内容。此处将业务受理板块作为实例进行详细分析。

业务受理板块通常包括申报单、申报装备、回执单这些内容。

填入公司数据和装备数据之后，单击贮存，系统提醒贮存成功。

成功贮存检查管理申报单之后，系统自动进入审批流程，对业务进行相关的审批。

每项业务都有和其对照的审批流程，比如特殊设备的检查管理应对照申报单的审批流程等。

（三）培训管理测试

培训管理首先要获取系统的资源树，并将资源树展示在系统的相关页面上。当用户选择该资源并点击确认授权时，系统会给出培训管理的结果。

（四）统计分析

参照客户相关的要求对常规的检查管理信息进行解析。系统能够对培训成员的信息进行归纳，核算培训成员的达标率，根据项目实际情况进行相关的解析。

四、系统性能测试

一个系统是否可以正常运转的核心指标，其实是系统的性能是否符合相关的要求。

（一）系统性能指标

系统在性能方面的测试指标有以下两个。

1.时间方面的特性

保障系统可以对客户的操作以较快的速度回应，严禁出现因为信息量偏多等相关问题导致系统停滞等事件。

2.适应性

为保障系统使用方便，特殊设备检查管理系统务必可以在不同的操作系统中稳定运转。

（二）系统性能测试分析

系统性能测试主要测试系统在并发访问时的响应情况。该系统选用测验软件 LoadRunner 实施性能方面的测验，通过 LoadRunner 判定系统的负荷实力与平稳性。此次性能测验是对系统实施 8 小时 500 个客户这一并发量的压力测验。

此次测验表明，性能测验并发量逐渐提升的时候响应时间逐步变长，并发量逐渐降低的时候响应时间不断缩短，在实现满负载的时候并未出现较大的改变，并且大体上保持在 1 个平稳值，响应时间在预测的范围内。

此次测验过程中，每秒事务处理量同样比较稳定，如果并发量逐渐增多，那么每秒事务处理量会不断增多。如果实现 500 客户并发量，那么系统会一直维持在每秒处理 59 个事务这种状态。系统的吞吐量因为客户数目的增多而不断增多，在达到客户数量最多之后，平稳保持在 11.14 M/S 上下。

通过对性能测验数据结果中的事务响应时间、每秒事务处理量、系统的吞吐量这些数据进行结果解析，系统在 500 客户并发量这个条件下比较稳定，在性能方面能达到预测的目标。

在测试中主要纠正可能存在的两大类错误，一类是系统代码的语法错误，一类是系统功能逻辑性错误。对于第一类错误的测试，主要是依靠软件开发工具包自带的编译工具对系统代码进行编译，发现语法错误并一一改正。对于第二类错误的测试，主要是通过详细的测试用例定位错误模块，对程序设置断点来发现逻辑问题，最终使程序符合逻辑，并且满足用户的实际需求。

第五章　特种设备安全多元共治模式与协同度分析

第一节　相关概念及基础理论

一、相关概念

（一）特种设备安全

特种设备安全是指通过持续的危险因素识别和管理，使特种设备免除损害风险，并使人员伤害和财产损失风险降低到一定的可接受的水平。

根据《特种设备安全法》，特种设备安全的责任主体主要是制造、经营和使用单位等，获取行政许可资质的制造单位对特种设备的安全性能负责，依法建立健全设备质量保障制度，提高特种设备的安全性。经营单位对设备的销售和出租等经营行为必须符合相关规定，其中出租的特种设备由经营单位负责安全管理和日常的保养维护。在设备全寿命周期中，使用环节发生的事故占80%以上，因此使用单位对特种设备安全使用负责，依法建立安全管理制度，配置安全管理人员，定期进行设备检验、隐患整改和日常维护，对事故造成的损坏依法进行赔偿。

（二）特种设备安全多元共治

"多元共治"与哈肯（H. Haken）的协同理论、奥斯特罗姆夫妇（V. Ostrom and E. Ostrom）的多中心治理理论有着密切的联系。

多元共治的全称是多元主体协同治理公众事务，但至今多元共治还未有统一的定义。多元共治的内涵主要包括主体多元化、目标协同化和治理机制多样化。第一，主体多元化，多元共治的主体涉及政府、市场、社会三个维度，包括政府、社会组织、社会公众、企业等多方主体。第二，目标协同化，多元共治以协调主体利益为基础，重视各方主体的利益，注重参与的有效性，以最大限度地实现治理目标。第三，治理机制多样化，多元共治是一个多方持续互动的过程，涉及主体之间多样化的互动，包括合作、竞争、协调、集体行动等。

《特种设备安全监管改革顶层设计方案》中提出坚持多元共治的理念。发挥特种设备安全各相关方作用，形成企业落实主体责任、属地政府统一领导、监管部门依法履职、检验机构提供技术支撑、行业协会提供自律服务、社会公众监督参与的多元共治工作格局。

基于多元共治的内涵和《特种设备安全监管改革顶层设计方案》，特种设备安全多元共治可以定义为以政府、市场和社会为中心，以提高特种设备安全治理水平为目标，通过落实多元主体职能、责任和义务，发挥多元主体作用，逐步形成政府统一领导、企业落实安全责任、检验机构提供技术支撑、行业协会提供自律服务、社会公众监督参与、市场利益相关方共同参与治理的相互合作、相互竞争、协商共进、集体行动的多元共治格局。

（三）特种设备安全多元共治协同度

协同度，又称协同程度，是指系统中的子系统或各要素在运行过程中一致协调发展的程度，用于表示系统由无序状态运动转变为有序状态运动的程度。系统协同度的高低取决于子系统的有序发展程度、子系统之间的协同发展程度，以及要素之间的关系强度。结合多元共治的内涵和特种设备安全多元共治的定义，特种设备安全多元共治协同度是指在特种设备安全治理过程中，多元主体之间或要素之间协调有序的程度，其代表了多元共治由无序走向有序的趋势，而多元主体的有序发展程度、多元主体之间的协同程度和要素之间的关系强度直接影响多元共治系统协同度。

二、相关基础理论与方法研究

（一）多中心治理理论

多中心治理理论源自博兰尼（M. Polanyi）提出的“多中心”的概念，是由奥斯特罗姆夫妇通过反复试验、分析和总结所得出的理论。长期以来，奥斯特罗姆夫人在多中心以及联合生产等领域取得了巨大的成就，其相关研究成果获得了政治、经济等各领域研究者的认可。目前，多中心治理理论被运用到政治、社会和经济等领域，以解决相关问题。如市场经济、公共安全、社会治理、科研探究、治理模式等。

近些年，我国学者在多中心治理理论基础上，进一步研究了多元共治及多元共治模式，在环境、质量、税务、社区、教育等领域，针对多元共治模式开展了相关研究，并取得了一定的研究成果。

（二）政府规制理论

“规制”最早出现在经济学研究领域，是指政府以治理市场失灵为目标，以法律法规制度为依据，通过制定和颁布规章制度、技术规范标准，对市场主体的市场经营行为进行直接或间接的控制和干预，以推动市场健康、有序发展。随着社会经济的发展、政府宏观调控措施的不断完善，政府规制逐渐被运用到宏观经济学领域。与此同时，公共领域中出现了大量的公共安全等问题，公众对政府管制其他领域的需求不断增长，政府规制也随即出现在不同的领域。

政府规制最主要的目的应该是充分促进各类经济主体发挥积极性与主动性，形成企业自律的氛围，纠正市场失灵带来的低效率。由于政府对企业的信息有一定的掌握，政府的规制行为被称作“看得见的手”，其被用来调节经济主体的各种行为。同时，政府也可以通过惩罚措施对企业的不良行为进行规制。在特种设备行业，政府是规制主体，规制的客体不仅包括市场中的各种经济主体，也包括检验检测单位、行业协会等，政府通过制定法律法规、安全技术标准及其他惩罚措施，对客体的行为进行规范。

（三）公民参与理论

“公民参与”是公民权利的重要组成部分，是最直接、最合理、最有效地实现公民权利的方式之一。公民参与是建立民主社会的关键内容，也是提高政府服务水平的关键点。随着社会制度的不断完善和公民本身权利意识的增强，其参与社会管理的渠道和机会正在逐渐增多。

一般情况下，公民参与又被称作公共参与，具体指的是公民试图影响公共政策和公共生活的一切活动。公民参与有三个基本要素：其一，参与身份，公民参与是基于一定身份参与公共事务的，可以是个人，也可以是各类社会组织。其二，参与范畴，公众所参与的领域一般是具有公共利益、公共理性的公共性领域。其三，参与渠道，公众通过一定的渠道参与公共事务管理，从而影响公共政策和公共生活。公民参与的重要表现是公民参与国家政治活动以及相关决策。

在公民参与的所有活动中，参与政策相关活动最为重要，是公民参与的重要体现。也正是这样，不少人将公民参与视为政治参与。然而，公民参与的范畴比政治参与更大，除了政治参与，公民参与还包括社会生活、经济活动和文化服务活动等。尤其是随着社会经济技术的不断发展，公民参与的活动范围在不断扩大。

通过上述对公民参与的分析，可以总结出，在特种设备安全治理过程中，运用公民参与理论，将社会公众引入特种设备安全治理中，将有助于提高特种设备安全治理的效能。

第二节　基于IAD的特种设备安全多元共治模式构建

在明确了特种设备安全多元共治相关定义后，本节运用制度分析与发展（Institutional Analysis and Development, IAD）框架，构建特种设备安全多元共治模式，为后续研究指明方向。

一、IAD框架

IAD框架是奥斯特罗姆夫妇的重要学术贡献，是公共管理和政策研究领域的重要理论框架。IAD框架主要是将当前实行的制度分解成若干个部分，进而剖析各部分之间如何作用而导致现在的结果。IAD框架重点分析外部环境（自然属性、社会经济属性和应用规则），即对相关政策进行实质性分析，研究制度运转对集体行为的影响。

首先，IAD框架能够有效剖析行动舞台内各行动者的具体行动状况，以及行动者在受到外生变量作用时采取的行动。其次，IAD框架的分析结果能够对外生变量和行动舞台产生实际影响，从而有效指导外生变量和行动舞台的改善。其中，外生变量具体指的是行动者当前所处的社会、政治、经济等环境，主要涉及自然属性、社会经济属性及应用规则（制度规章）。而行动舞台具体指的是各行动主体彼此的相互影响、相互竞争及相互合作，包含行动者及行动情境。

IAD 构架是理性化剖析政策体系的理论工具，其具有下列优点：首先，与古典经济学的“经济人假设”内容相比，其更加贴合现实人性；其次，IAD 框架的核心目标在于理论与实践的结合，其既注重实证性评价结果，又注重结果对外生变量和行动舞台的反馈影响，从而构建了完整的 IAD 框架；最后，IAD 框架是由各国、各学科的研究人员和学者不断完善的一种逻辑思维框架，具有普遍通用性。

二、特种设备安全治理外部环境分析

（一）特种设备安全治理的自然属性

特种设备安全治理的自然属性指特种设备具有的物理属性，主要包括特种设备种类、数量，各类特种设备事故占比，以及特种设备物理风险特征等。特种设备安全多元共治的治理对象是特种设备。

（二）特种设备安全治理的社会经济属性

当前，我国特种设备数量巨大，广泛分布在建筑业、制造业、采矿业、服务业、旅游业等各领域，特种设备已然成为促进我国社会经济发展的重要工具。其中，电梯成为人们生活、工作不可缺少的工具，主要集中于商场、火车站、写字楼、居民区、汽车站等人群高度集中的区域，为货物的运输和人们的出行提供了便利；客运索道、大型游乐设施广泛分布于景区、游乐园等场所，丰富了社会公众的娱乐生活。场（厂）内专用机动车辆主要分布于旅游景区、游乐园和工厂内，以满足大众的游玩需求和提高工厂内部的运输效率。起重机械主要用于建筑业、采矿业等领域，提供便利的装卸搬运服务。特种设备影响着社会公众的生活和工作的方方面面，因此提高特种设备安全治理能力，保障特种设备安全使用和管理，对于促进社会经济的发展和保障社会公众的生活稳定具有重要作用。

（三）特种设备安全治理的应用规则

特种设备安全治理的应用规则是指为了确保特种设备的安全运行和保护人员的生命财产安全而制定的规章制度。1955 年，我国设立国家锅炉安全检查总局，开展锅炉、压力容器、起重机械的监管工作，拉开了我国特种设备安全监察工作的序幕。至今为止，特种设备安全监管体制已有 60 多年的发展历史，政府出台了一系列法律法规、安全技术规范等，指导特种设备的设计、制造、使用、检验、改造、维修等工作。

三、特种设备多元主体行动舞台分析

（一）多元主体识别

1.政府

根据《特种设备安全法》，国务院负责特种设备安全监管的部门对全国特种设备安全实施监督管理，县级以上地方各级人民政府负责特种设备安全监督管理的部门对本行政区域内特种设备安全实施监督管理。根据《市场监管总局关于 2019 年全国特种设备安全状况的通告》，截至 2019 年年底，全国共设置特种设备安全监察机构 4 161 个，其中国家级 1 个、省级 33 个、市级 481 个、县级 2 552 个、区县派出机构 1 094 个。全国特种设备安全监察人员共计 90 164 人。由此可知，特种设备监管工作主要由各级市场监督管理部门负责，也就是说各级市场监督管理部门为特种设备安全治理的主要参与者之一。

2.保险公司

《特种设备安全监察条例》第八条提出“国家鼓励实行特种设备责任保险制度，提高事故赔付能力”。由此，保险公司正式被引入特种设备安全治理中，以提高特种设备市场化治理水平和事故赔偿水平。2009 年 5 月 26 日，贵州省特种设备行业协会与中国人民财产保险股份有限公司贵州省分公司签订协议，即日起在全省推行特种设备责任保险，贵州成为全国率先在全省推行特种设备责任保险的省份。2017 年 6 月广东出台了《广东省人民政府关于印发广东省气瓶安全监管改革方案的通知》，通过建立责任保险制度，切实保障瓶装气体使用者的权益。

自 2009 年以来，各类大型保险公司针对自己的客户群，相继推出特种设备责任保险产品，如中国平安保险（集团）股份有限公司、中国太平洋保险（集团）股份有限公司、中国人寿财产保险股份有限公司等。由此可以看出，保险公司是特种设备安全多元共治参与的主体，为企业提供保险服务，分担风险压力，解决事故发生之后的赔款问题。

3.企业

根据事故发生的主要环节来划分，特种设备企业主要包括：特种设备制造单位、特种设备安装拆卸单位、特种设备使用单位、特种设备维修检修单位和特种设备充装运输单位等。依据国家市场监督管理总局特种设备安全监察局发布的全国特种设备安全状况的通告，统计出每年各类企业发生事故的比率，可以发现历年特种设备使用单位发生的事故的概率最高，约八成以上的事故发生在使用环节，而其他类型的企业发生事故的概率相对较低。此外，一直以来使用单位都是特种设备安全监管、监督和检验的主要对象，因此这里研究的特种设备企业主要是指特种设备使用单位，其是特种设备多元共治中主要的参与者之一。

4.金融机构

金融机构主要包括银行和市场金融机构等，为特种设备行业发展提供充裕的资金。江苏省市场监督管理局先后出台支持企业平稳健康发展 18 条措施和支持企业复工复产 12 条措施，引导金融机构将资金以低利息贷给信誉好的企业。河南省市场监督管理局牵头，积极推动政银合作，建立和探索多样化的合作模式，不断挖掘市场潜力，使得改革红利既能转化为企业的实惠便利，又能提高企业的安全管理水平，从而共同开创长期稳定合作新局面。

5.检验机构

根据《市场监管总局关于 2019 年全国特种设备安全状况的通告》，截至 2019 年年底，全国共有特种设备综合性检验机构 454 个，其中系统内检验机构 270 个，行业检验机构和企业自检机构 184 个。另有型式试验机构 43 个，无损检测机构 563 个，气瓶检验机构 2 065 个，安全阀校验机构 665 个，房屋建筑工地和市政工程工地起重机械检验机构 310 个。

2019 年，全国各级特种设备安全监管部门开展特种设备执法监督检查 203.04 万次，发出安全监察指令书 13.39 万份。特种设备检验机构对 104.39 万台特种设备及部件的制造过程进行了监督检验，发现并督促企业处理质量安全问题 2.10 万个。对 157.66 万台特种设备安装、改造、修理过程进行了监督检验，发现并督促企业处理质量安全问题 47.30 万个。对 861.37 万台在用特种设备进行了定期检验，发现并督促使用单位处理质量安全问题 191.32 万个，其中承压类设备问题 16.30 万个，机电类设备问题 175.02 万个。

6.社会公众

《特种设备安全监管改革顶层设计方案》中提到“坚持多元共治。发挥特种设备安全各相关方作用，形成企业落实主体责任、属地政府统一领导、监管部门依法履职、检验机构技术支撑、行业协会自律服务、社会公众监督参与的多元共治工作格局”。在特种设备安全治理中，公众有权监督，有义务向各特种设备安全监管部门举报企业的不法行为。

7.行业协会

特种设备行业协会是非营利性的社会组织，具有独立法人资格，是特种设备治理的主要参与者之一。《特种设备安全法》第九条规定：“特种设备行业协会应当加强行业自律，推进行业诚信体系建设，提高特种设备安全管理水平。”特种设备行业协会通过完善行业标准、建设诚信体系、增加政企交流，规范特种设备市场行为，建立公平、公正、透明的特种设备市场。当前，我国特种设备行业协会主要的工作包括修订和完善相关行业标准和团体标准，宣传国家法律法规、安全标准、安全知识，开展相关技术、学术交流活动，为企业提供技术咨询服务，协助政府监督工作等。

（二）多元主体角色定位

我们通过设计专家访谈问卷，来明确多元共治参与主体角色定位。

1.访谈问卷设计与样本确定

访谈问卷主要包括三个方面的内容：第一，专家的实际情况，例如年龄、职称、单位名称等；第二，阐明特种设备安全多元共治的主体角色；第三，从多元主体角色出发，提出特种设备安全多元共治要素。

2.主体角色定位

由专家对问卷的作答内容进行总结，在特种设备安全治理中，政府扮演着设计者、引导者、培育者、应急救援者和执法者的角色；使用单位扮演着安全管理者、事故责任承担者和应急操作者的角色；保险公司扮演着风险分担者、首赔者和日常监督者的角色；金融机构扮演着资金提供者和安全信息管理者的角色；社会公众扮演着监督者的角色；行业协会扮演着协助者、技术服务者、沟通宣传者和领航者的角色；检验机构扮演着技术支持者和技术创新者的角色。下面对其进行详细分析。

（1）政府角色定位

根据多中心治理理论，政府部门的主要角色是设计者、引导者、培育者、应急救援者和执法者。

①设计者。政府依据特种设备安全治理的顶层设计方案，从全局角度出发，对特种设备安全治理法律法规、制度、安全技术规范、国家标准、行业标准、部门规章、发展战略等做出全面设计与部署，规范相关主体的行为。

②引导者。政府以政策、制度、机制为主要工具，引导社会舆论和社会资源，将社会组织、社会公众及媒体吸引到特种设备安全治理中，使他们成为政府治理特种设备安全的重要帮手。

③培育者。政府通过政策和资金来培育社会相关主体和市场相关利益者，使其为政府监督企业服务，让市场机制来约束企业的经营行为。

④应急救援者。事故发生之后，政府相关部门应及时开展事故应急救援活动，主要包括事故应急救援和事故调查处理。事故应急救援指政府制定处理事故的应急管理、指挥、救援计划等，联合相关部门开展救援活动，而事故调查处理是指政府对事故发生的起因进行调查，形成事故调查报告，明确事故发生的起因与经过，确定事故责任人，并依法判决事故责任人的相关责任。

⑤执法者。政府部门依据法律法规、部门规章制度、安全技术规范等，对特种设备企业进行监督检查等。各级市场监督管理局对特种设备生产机构、人员的资质进行审核、评估和许可，对特种设备企业设备安全状态、安全管理制度等进行监督检查。

（2）使用单位角色定位

特种设备在使用环节最容易发生事故，使用单位是事故发生的主要“责任人”，对设备安全和事故发生负有重大责任。从特种设备的全寿命周期来看，特种设备使用单位主要扮演着安全管理者、应急操作者和事故责任承担者的角色。

①安全管理者。在事故发生之前，特种设备使用单位依据相关法律法规、技术规范和相关标准，建立安全管理制度，对特种设备进行日常的安全管理，主要包括设备安全状态管理、定期检验管理、隐患排查管理、安全人员管理等。

②应急操作者。使用单位需依据相关法律法规、安全技术规范、标准制度，建立和完善特种设备企业应急制度，组建本单位应急队伍，并进行日常演练。

③事故责任承担者。在事故发生之后，依据政府事故调查结果，使用单位承担事故相应责任，依法进行经济赔偿，并接受相关刑事处罚。此外，部分使用单位可以通过投保方式来分担事故发生的风险，减轻事故赔偿压力。

（3）保险公司角色定位

保险机构为使用单位提供保险服务，起到分摊风险、补偿损失、防灾防损、化解社会矛盾、维护社会秩序、促进社会稳定的作用。因此，保险机构扮演着风险分担者、事故赔偿和日常监督者的角色。

①风险分担者。保险公司根据相关法律法规和安全技术规范，按照设备类型和企业特征，设计出不同的责任保险产品，为特种设备市场提供多样化的保险服务。

②首赔者。在事故发生之后，保险公司首先赔付相关款项，后期根据政府事故调查结果，明确事故原因，厘清双方主体责任，根据之前签订的合同探讨赔偿比例事务。

③日常监督者。保险公司对投保单位进行企业安全和设备安全的监督。企业安全监督包括对安全管理制度、定期检验制度、隐患排查制度、应急制度、安全投入、应急演练等管理层面进行日常监督。设备安全监督包括对设备安全运行情况、日常维护维修、安全人员配置、设备运行环境等方面的监督。

（4）金融机构角色定位

金融机构为特种设备行业发展提供充足的资金支持，扮演着资金提供者和安全信用管理者的角色。

①资金提供者。政府引导金融机构以低利息向信誉好的特种设备使用单位

贷款，提高企业特种设备安全管理能力，促使特种设备使用单位安全有序发展。

②安全信用管理者。在风险融资过程中，金融机构对特种设备使用单位的安全管理、安全人员配置、应急制度建设、安全投入和信用等进行全方位评估，将使用单位安全信用情况作为使用单位融资的依据。

（5）社会公众角色定位

特种设备种类繁多，分布广泛，社会公众随处可以看到或者用到特种设备。自媒体时代的便利通信方式对过去传统的公众监督形式进行了彻底革新，革除了传统公众监督耗时长、效果差、成本高的弊病。之所以说社会公众具有监督者的身份，是因为社会公众是特种设备的间接受益人，也是事故中的受害人，根据相关法律法规，社会公众对于特种设备使用单位具有监督权和举报权，有权对特种设备使用单位非法经营、违规操作等非法行为进行监督和举报。

（6）行业协会角色定位

特种设备行业协会是社会性中介组织，代表特种设备行业全体企业的共同利益，是政府和市场之间的桥梁，向政府传达企业的共同要求，协助政府制定和实施行业发展规划、产业政策、行业法规和有关法律；协调特种设备企业之间的经营关系；对特种设备企业的产品和服务质量、竞争手段、经营作风进行严格监督，维护行业信誉，鼓励公平竞争，打击违法违规行为。因此，特种设备行业协会扮演着协助者、服务者、沟通者和领航者的角色。

①协助者。行业协会参与特种设备安全管理，派出专家协助各级市场监督管理局对特种设备进行年度监督检查，配合各级政府相关部门作专项调查和事故处理，协助配合省级市场监督管理部门对部分地、市的特种设备进行专项工作检查。

②服务者。行业协会为广大会员单位、特种设备使用单位、特种设备安全监管机构与检验机构等提供专业技术培训服务，为安全操作人员、检验人员、监察人员等提供技术考核服务，为使用单位和检验机构提供专业的技术咨询服务。

③沟通者。特种设备行业协会通过走访、召开专题会议等多种渠道听取群众的意见、建议和要求，为群众排忧解难。此外，行业协会开展国内外学术交流、管理经验交流和技术合作交流会议，以及安全教育会议，为会员单位提供交流平台，提高设备安全管理水平，为社会公众宣传国家有关政策、法律法规、安全标准等安全知识。

④领航者。特种设备行业协会通过推出《维权公约》《服务公约》《诚信公约》等团体标准等来规范市场经济秩序，改善市场环境，推动特种设备行业朝着标准化、科学化、规范化的方向发展。

（7）检验机构角色定位

随着检验机构改革的不断推进，检验机构逐渐从政府附属机构中脱离，向社会化、市场化组织方向发展，但特种设备检验机构一直以来都是保障特种设备安全使用的关键机构，是政府管理的重要技术支撑，是特种设备安全治理的主要环节，是特种设备安全的“把关者”或“技术支持者”。因此，检验机构扮演着技术支持者和技术创新者的角色。

①技术支持者。检验机构建立检验质量管理制度，设计合理的检验方案，为使用单位提供检验检测技术服务，排查设备安全隐患问题。

②技术创新者。检验机构投入研发资金，对检验检测技术等进行专项研发，提高检验的精确性和科学性，提高设备的安全性，降低事故发生率。

（三）多元主体行动情境分析

多元主体行动情境是 IAD 框架的核心部分之一。多元主体行动情境要素主要包括共治主体、主体身份合集（角色合集）、主体行为合集、支付成本、共治信息、主体对治理整体的控制和潜在结果。

多元共治主体具有不同的身份，这是由其职能或地位决定的，而主体身份的不同，获取信息能力的不同，整体控制力的不同，直接影响其行为，最终影响其收益。根据上文分析，特种设备安全多元共治包含政府、使用单位、保险公司、金融机构、社会公众、行业协会、检验机构 7 个行动主体。除了政府和公众为复合体，其他行动主体都是单独个体。这是由于政府内部部门较多，涉及各级市场监督管理局以及相关部门，为了便于研究，将政府各部门集合成复合体。此外，社会公众包括社会各类群体，因此也是复合体。

四、特种设备安全多元共治模式的目标

通过构建特种设备安全多元共治模式，形成使用单位落实主体责任、属地政府统一领导和依法履职、检验机构创新技术与服务、行业协会制定行业制度与提供服务、社会公众监督参与、保险公司分担风险、金融机构评估安全信用的多元共治格局，发挥各个主体的作用，落实各个主体的安全责任，加强各个主体的相关职能，提高管理效率。

五、特种设备安全多元共治模式的特征

（一）多主体结构多样化特征

特种设备安全多元共治模式中，涉及政府、使用单位、保险公司、金融机构、社会公众、行业协会、检验机构等多个主体，主体间由于身份（角色）、行为和控制力的不同形成了多元主体之间多样化的结构关系。

（二）多元合作协同化特征

在特种设备安全多元共治模式中，多元主体以特种设备治理为核心目标，依据相关法律法规、安全技术规范、部门规章、标准制度，开展多样化的合作

活动，多元主体之间协同发展。

（三）治理结构扁平化特征

特种设备安全多元共治模式与传统的分级管理治理模式不同，多元共治模式是从政府、市场和社会视角出发，以政府、使用单位、保险公司、金融机构、社会公众、行业协会、检验机构为治理主体，以特种设备安全为治理对象，形成主体之间地位相对平等的扁平化治理结构。

六、构建特种设备安全多元共治模式的原则

（一）系统性原则

特种设备安全多元共治模式的构建是一项系统工程，涉及使用单位、政府、检验机构、保险公司、社会组织等不同主体，涵盖体制、机制等不同层面，必须综合运用战略思维和系统思想，正确处理好特种设备安全与多元主体之间的关系。

（二）科学性原则

特种设备安全多元共治模式具有多主体、多关系、多层次、多维度的特点，在构建特种设备安全多元共治模式时应基于相关理论，从整体到局部，充分考虑特种设备安全多元共治模式的整体性、逻辑性和科学性。

（三）全面性原则

全面性原则是在界定特种设备安全多元共治相关主体时，应该尽可能全面地考虑所有可能影响特种设备安全治理的主体，包括政府部门、企业、行业协

会、公民个体等。每个主体都在多元共治中扮演着特定的角色，承担着相应的责任和义务。

在特种设备安全治理中，政府部门主要负责制定和执行相关法律法规、政策和标准，对企业和社会组织进行管理和指导，同时提供必要的资金和人力支持。企业则是特种设备安全治理的主要责任方，需要严格遵守相关法律法规和标准，加强设备维护和安全管理，及时处理和报告安全事故。行业协会则可以发挥桥梁和纽带作用，协调各方利益，推动信息共享和知识普及，促进多元主体之间的合作。公民个体也有责任关注特种设备安全问题，提高安全意识，正确使用和妥善维护特种设备，积极参与多元共治。

七、多元共治模式的测量标准

（一）系统协同发展测量标准

从宏观层面来看，特种设备安全多元共治模式测量标准应当从多元共治模式整体出发，测算出特种设备安全多元共治系统整体的协同发展水平，依据测算结果，从整体层面设计、修改和完善特种设备安全多元共治相关法律法规、部门规章、安全技术规范、标准和顶层设计方案，促进特种设备安全多元共治系统协同发展。

（二）主体协同发展测量标准

从中观层面来看，在明确主体间因果关系的基础上，特种设备安全多元共治模式应当测算出主体的有序发展程度和主体间的协同发展程度，发现主体内部以及主体间协同发展的问题，从而提高主体有序发展程度，促进主体间协同发展。

（三）要素关系强度测量标准

从微观层面来看，特种设备安全多元共治的系统协同程度、主体间的协同发展程度，取决于主体要素间的关系强度。因此，在测量特种设备安全多元共治模式时，应当明确特种设备安全多元共治要素之间的关系强度。这可以通过以下方式来进行。

①确定各要素的权重。在多元共治模式中，不同的要素对最终结果的影响程度是不同的。因此，在测量时应该首先确定每个要素的权重，以反映它们的重要性。

②分析要素之间的相互作用。特种设备安全多元共治的不同要素之间存在相互作用。因此，需要分析这些要素之间的相互作用，以了解它们之间的相互影响关系。

③确定各要素之间的关联度。特种设备安全多元共治的要素之间存在关联。因此，需要确定这些要素之间的关联度，以反映它们之间的紧密程度。

④用图表展示各要素之间的关系。为了更清楚地展示特种设备安全多元共治各要素之间的关系，可以使用图表来展示它们之间的关系强度。

第三节　多元主体关系模型分析

一、模型分析方法选择

模型能够对特种设备多元共治系统内部的运行机制进行精确描述。为了验证特种设备安全多元共治框架模型，明确特种设备安全多元共治相关主体和要素，探索特种设备安全多元共治内部主体间的关系，一般情况下，可以采用回归分析法、路径分析法、结构方程分析法等进行模型分析。

（一）回归分析法

回归分析法指利用数据统计原理，对大量统计数据进行数学处理，并确定因变量与某些自变量的相关关系，建立一个相关性较好的回归方程（函数表达式），并加以外推，用于预测今后的因变量变化的分析方法。

回归分析法主要解决的问题是：确定变量之间是否存在相关关系，若存在，则找出数学表达式；根据一个或几个变量的值，预测或控制另一个或几个变量的值，且要估计这种控制或预测可以达到何种精确度。

在运用回归分析法时，需要注意以下三点。

首先，一般需要预先设定要素之间存在因果关系，进而用相关数据去检验要素之间的因果关系及作用机制。

其次，在预设要素之间的因果关系，并用数据进行验证时，存在一个漏洞，即对调模式等式两边的要素位置，其数据量化描述同样可以与模型实现拟合

最后，传统回归分析法不能有效处理误差项的关联属性。当因变量不唯一或存在中间变量时，回归分析法便不适用。

（二）路径分析法

路径分析法是指在同一个统计分析当中执行多个回归分析的方式，以减少因为多次回归分析测量所造成的测量误差的加大。

路径分析法能够分析要素之间多对多的关系，有效解决回归模型因变量不唯一或存在中间变量等问题。但与回归分析法一样，路径分析法也存在自身的缺陷，即路径分析法无法探究和刻画要素之间内部的逻辑因果关系。此外，路径分析法只能测量显变量之间的因果关系，不能直接有效测量潜变量之间的因果关系。

（三）结构方程分析法

结构方程分析法是一种多元统计研究方法，主要用于因素之间的逻辑关系分析、路径分析和因子验证分析。与其他的统计研究方法相比较，结构方程分析法能够有效解决无法直接评估变量的相关问题，同时可以分析多个因变量之间的因果关系。

此外，相较于回归分析法和路径分析法，结构方程分析法的主要优势在于：首先，结构方程分析法有效解决了要素之间不能互为因果关系的问题；其次，结构方程分析法通过建立联立方程组，将误差项纳入模型中，并充分、有效地运用误差项对要素间的关系进行判断；最后，结构方程分析法能有效分析多个潜变量之间的因果关系，从而使得模型分析更为全面。

二、模型假设

特种设备安全多元共治模式是一个由多元主体和主体要素组成的系统，从宏观来看，主要是政府领导与规制、使用单位落实责任、保险公司分担风险、行业协会制定行业制度与提供服务、检验机构创新技术与服务和社会公众舆论监督等。从微观来看，特种设备安全多元共治模式是由各要素组成的多元主体。本部分重点对多元共治系统内各主体与特种设备安全之间的关系、多元主体之间的结构关系进行深入分析，由此提出相关关系模型假设，目的是分析多元主体与特种设备安全之间的结构关系，以及各多元主体之间的结构关系。

特种设备安全管理工作涉及的责任主体多、责任链条长。其中，政府负责制定法律法规、引导其他主体规范发展、对使用单位依法执法、领导多元主体共同治理等，从而提高特种设备安全水平，降低事故率和死亡率；保险公司根据政府相关扶持政策的引导，为使用单位分担风险，提供首赔服务，解决事故发生之后相关赔偿纠纷问题，并对使用单位进行监督，从而促进社会经济和谐发展；使用单位是多元共治模式监督的对象，对特种设备安全和事故负责，因此使用单位应依法建立安全管理体系，承担安全责任，落实相关责任，从而提高设备安全水平，避免发生安全事故；行业协会通过协助政府、为企业提供技术咨询服务、促进政企沟通，建设诚信体系、制定团体标准，从而提升使用单位安全管理能力，推动行业自律发展；社会公众通过监督企业不法行为，向政府投诉举报，来促进特种设备安全水平的提高；检验机构通过对企业提供技术服务，并提升自身的检验能力，来为企业排查风险源。

多元主体关系模型如图 5-1 所示。

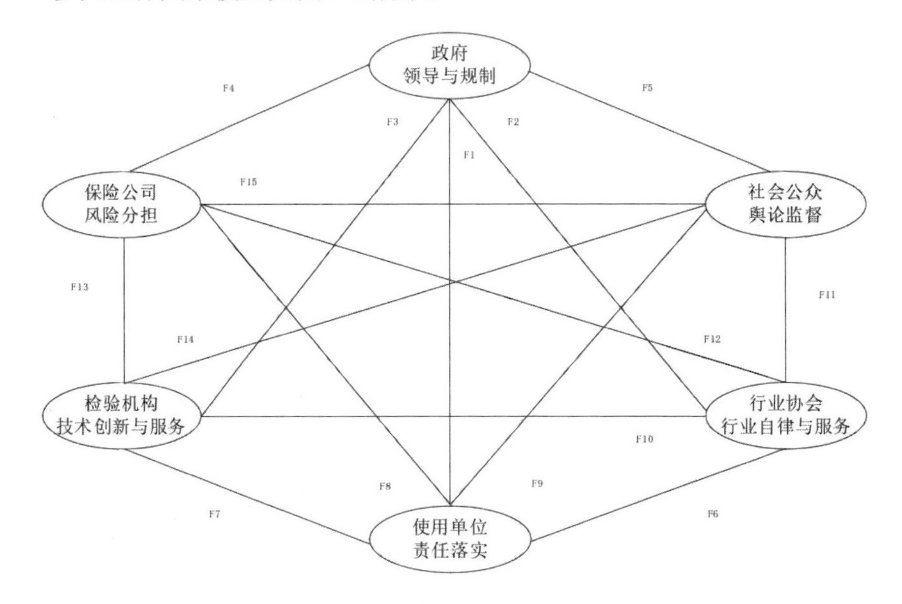

图 5-1 多元主体关系模型

假设 F1：在多元共治中，政府领导与规制和使用单位责任落实之间存在相关关系；

假设 F2：在多元共治中，政府领导与规制和行业协会行业自律与服务之间存在相关关系；

假设 F3：在多元共治中，政府领导与规制和检验机构技术创新与服务之间存在相关关系；

假设 F4：在多元共治中，政府领导与规制和保险公司风险分担之间存在相关关系；

假设 F5：在多元共治中，政府领导与规制和社会公众舆论监督之间存在相关关系；

假设 F6：在多元共治中，使用单位责任落实和行业协会行业自律与服务之间存在相关关系；

假设 F7：在多元共治中，使用单位责任落实和检验机构技术创新与服务之间存在相关关系；

假设 F8：在多元共治中，使用单位责任落实和保险公司风险分担之间存在相关关系；

假设 F9：在多元共治中，使用单位责任落实和社会公众舆论监督之间存在相关关系；

假设 F10：在多元共治中，行业协会行业自律与服务和检验机构技术创新与 服务之间存在相关关系；

假设 F11：在多元共治中，行业协会行业自律与服务和社会公众舆论监督之间存在相关关系；

假设 F12：在多元共治中，行业协会行业自律与服务和保险公司风险分担之间存在相关关系；

假设 F13：在多元共治中，检验机构技术创新与服务和保险公司风险分担之间存在相关关系；

假设 F14：在多元共治中，检验机构技术创新与服务和社会公众舆论监督之间存在相关关系；

假设 F15：在多元共治中，社会公众舆论监督和保险公司风险分担之间存在相关关系。

三、问卷设计

基于上文的多元主体及要素，依据目标明确、逻辑清晰、语言简便、方便统计的原则，设计出《特种设备安全多元共治主体结构关系分析调查问卷》。问卷共包括两部分：

第一部分是个人基本信息情况。该部分是问卷的重要组成部分，其主要的目的是了解被调查者的个人信息，便于后期根据调查者与本研究的密切程度，筛选出合理和科学的问卷调查样本，其主要包括个人所在的区域、从事的单位类型、个人学历等。

第二部分是特种设备安全多元共治要素评分表。该部分是问卷的核心部分，其主要目的是了解特种设备安全多元共治相关主体在当前实际运行中的状况。并根据调查者的主观判断，对多元主体在实际情况中运行的情况进行打分，其中 1 是最低，5 是最高。

按照上述问卷调研方式，分别在 2021 年 10 月和 2022 年 6 月投放两次调查问卷，最终共获得问卷 473 份。为了进一步保障数据的可靠性、合理性、科学性和有效性，将从事特种设备相关工作少于 5 年的个人问卷剔除，最终确定了 327 份有效问卷。

四、模型分析

对多元主体之间的关系模型进行分析，可得到以下检验结果，如表 5-1 所示。

表 5-1　多元主体关系假设检验结果汇总表

序号	假设	检验结果
F1	在多元共治中，政府领导与规制和使用单位责任落实之间存在相关关系	通过
F2	在多元共治中，政府领导与规制和行业协会行业自律与服务之间存在相关关系	通过
F3	在多元共治中，政府领导与规制和检验机构技术创新与服务之间存在相关关系	通过
F4	在多元共治中，政府领导与规制和保险公司风险分担之间存在相关关系	通过
F5	在多元共治中，政府领导与规制和社会公众舆论监督之间存在相关关系	通过
F6	在多元共治中，使用单位责任落实和行业协会行业自律与服务之间存在相关关系	通过
F7	在多元共治中，使用单位责任落实和检验机构技术创新与服务之间存在相关关系	通过
F8	在多元共治中，使用单位责任落实和保险公司风险分担之间存在相关关系	通过
F9	在多元共治中，使用单位责任落实和社会公众舆论监督之间存在相关关系	通过
F10	在多元共治中，行业协会行业自律与服务和检验机构技术创新与服务之间存在相关关系	通过
F11	在多元共治中，行业协会行业自律与服务和社会公众舆论监督之间存在相关关系	通过
F12	在多元共治中，行业协会行业自律与服务和保险公司风险分担之间存在相关关系	不通过
F13	在多元共治中，检验机构技术创新与服务和保险公司风险分担之间存在相关关系	不通过

续表

序号	假设	检验结果
F14	在多元共治中，检验机构技术创新与服务和社会公众舆论监督之间存在相关关系	不通过
F15	在多元共治中，社会公众舆论监督和保险公司风险分担之间存在相关关系	不通过

对上述检验结果进行分析，可得出以下结论：在特种设备安全多元共治模式中，有个别主体关系未通过检验，可以确定行业协会行业自律与服务和保险公司风险分担无显著的影响作用、检验机构技术创新与服务和社会公众舆论监督无显著的影响作用、社会公众舆论监督和保险公司风险分担无显著的影响作用。由此推出其原因可能是，虽然当前我国在推行特种设备安全责任保险，行业协会作为社会性组织应当辅助政府与企业推行特种设备安全责任保险，但特种设备行业协会主要服务于政府和企业，与保险公司之间并无直接的业务往来。检验机构受政府许可，为使用单位提供检验服务，并同时受到行业协会的定期考核，而与社会公众之间并未存在密切关系。因此，检验机构技术创新与服务和社会公众舆论监督不存在相互影响关系。保险公司主要在特种设备安全多元共治中起到风险分担的作用，事故发生后对第三方受害者进行赔偿，而在特种设备安全治理中，保险公司风险分担和社会公众监督之间不存在相互关系。

此外，保险公司为企业或单位提供特种设备第三方安全责任保险服务，不包括财产保险和员工人身意外险，因此从第三方责任保险视角出发，保险机构与行业协会、社会公众、检验机构并不存在直接关系。

除上述四对主体间的假设关系未通过检验外，其他主体之间的假设关系均通过检验，明确了特种设备安全多元共治模式中各主体之间的关系路径，为后续建立特种设备安全多元共治协同度指标体系和及测量多元主体之间的协同度奠定了基础。

第四节　多元共治要素关系分析

一、安全多元共治网络

（一）构成要素

1.关系

关系是指主体要素之间的连接关系，用来刻画主体要素之间产生连接的内容形式。在要素关系网络中，主体要素之间一旦确立了关系，两个主体即通过要素关系相互作用，相互制约。

2.联结

在要素关系网络中，两个主体要素之间存在一种或多种关系联结。其中，主体间要素之间的联结是属于具有相同目标影响下产生的利益分享、风险责任分担的联结模式，其建立的联结或许以法律的形式存在，也或许为相互的协议限制。

3.网络

网络是所有要素关系的集合，用来刻画要素网络关系。其中，要素关系网络中包括整体要素网络和要素自我中心网络。整体要素网络是研究所有主体要素之间存在的关系；相对于整体要素网络研究，要素自我中心网络重点研究每个主体要素在网络中的地位和与其他要素间的作用关系。

（二）整体网络结构分析

1.网络密度

网络密度用来测量整体要素关系网络中各要素间的紧密程度。

2.连通性

网络内每两个要素相互联结的路径越多，其网络的连通性就越强烈。网络里若存在小团队，或将使得部分节点难以深入获取产生于其余节点的讯息，导致网络的连通性不足。因此，可以借助小团队布局方式来体现网络连通性。

3.有效性

网络有效性用来刻画要素关系网络内部信息转移的质量。一般用测地线距离检查网络信息的流动性。一般情况下，测地线距离具体指的是要素之间最短路径数量。要素间的测地线距离越短，其相互传送的信息就越精准，转移质量就越好。

（三）个体网络分析

个体网络又称自我中心网络，是以个体要素为中心的网络分析，用于刻画与个体要素有关的所有关系。多元主体依赖于要素个体网络，通过其要素来获得多元共治中的知识、技术、资源。

一般个体网络分析包括个体要素的节点数、关系数和个体网络密度。其中，节点数具体指的是和个体要素存在关联的节点数目；关系数指的是个体要素网络内部的关系数目；网络密度则指的是个体要素的整体网络密度，表示个体要素与其他要素成员的沟通情况。

（四）要素中心势分析

1.度

度指的是要素跟其他要素相接的边数。在要素关系网络中，存在点入度和点出度两种，其中前者指的是跟这一节点有直接关联的节点数量，后者则指的是除本身外的关联节点数量。

2.中心度

中心度用来衡量要素在网络中的地位、权力和影响力。中心度一般分三种，分别是点度中心度、中间中心度和接近中心度。

二、多元共治要素的影响力

特种设备安全多元共治中，影响各主体之间关系的要素在网络中具有较高的网络中心性。“中心性”用来衡量要素在网络中所拥有的“权力”，而“权力”是指在要素之间的连接关系中，要素之间彼此的影响和支配关系。此外，“权力”的支配是指要素通过一定的手段来控制其他要素，其他要素受到该要素的支配，隐含着压制、控制等支配性力量。例如，政府的监督检查对使用单位的定期检验、隐患排查排除、安全人员配置等要素起到支配性作用。

通常用点度中心度、中间中心度和接近中心度等指标来衡量网络节点的中心性。点度中心度主要分析要素与其他要素之间的联系能力，测量主体通过该要素与其他主体的交易合作能力，可用与其他要素的直接联系数来测算；中间中心度用于刻画要素对资源的掌控程度，衡量要素来掌控或控制其他要素的程度；接近中心度主要用于测量要素的独立性，即不受其他要素控制的程度。

第五节　多元共治协同度模型构建

一、协同度模型选择

根据相关学者对协同度模型的研究，主流协同度模型有灰色关联协同度模型、距离协同度模型和功效函数协同度模型三类。其中，灰色关联协同度模型运用灰色关联分析原理分析系统中要素实际值与理想值之间的关联程度或偏差程度，衡量要素对系统的贡献度；距离协同度模型运用欧拉距离来衡量子系统间的协同度；功效函数协同度模型是通过测算各子系统的有序发展程度，来衡量系统整体协同发展程度。

根据上述三类协同度模型的测量方式，为探索出特种设备安全多元共治系统协同发展程度和系统内部多元主体间的协同发展程度，本节采用距离协同度模型衡量系统整体协同度，从而针对性解决问题。

二、指标体系构建原则

（一）目的性原则

构建特种设备安全多元共治协同度指标体系的目的是：从整体系统出发，判断各主体之间及多元共治整体的协同度，找出影响特种设备安全多元共治的关键所在，提出多元共治改进的思路和方法，不断提高各主体之间的协同关系，落实各主体的相关责任和义务，增强特种设备安全性。因此，应当围绕目标来构建特种设备安全多元共治协同度指标体系。

（二）系统性原则

特种设备安全多元共治具有多主体、多关系、多要素的特征，在构建特种设备安全多元共治协同度指标体系时应遵循系统性原则，从系统主体到要素逐步细化，并考虑到主体间、要素间的关系，从而系统性地构建特种设备安全多元共治协同度指标体系。

（三）客观性原则

特种设备安全多元共治协同度指标应该准确反映出特种设备安全多元共治的内涵，体现各主体的实际情况。因此，在选取指标时，指标应当简单明了，指标之间不宜存在复合性和相关性，应尽可能选取客观数据指标。

（四）科学性和可行性原则

应在科学合理地反映特种设备安全多元共治本质的基础上，控制协同度指标的数量，并确保协同指标取值的权威性。

（五）影响力原则

构建协同指标体系应考虑各协同指标在特种设备安全多元共治中的影响力，从指标网络体系出发，梳理出各指标之间的关系，以及各指标在特种设备安全多元共治网络关系中的地位，明确指标的影响力。

（六）协同性原则

构建协同指标体系应考虑各主体之间的协同发展关系，从而使指标体系具有高度的协同性。

三、模型构建具体方法

特种设备安全多元共治主体关系分析主要是为了确定特种设备安全多元共治参与主体，明确主体与特种设备安全之间的关系，从而确定多元共治相关主体。

（一）指标层级划分

根据网络层次分析法，将特种设备安全多元共治系统分为控制层和网络层，将特种设备安全多元共治和多元主体作为控制层，主体要素为网络层。

（二）指标计算

1.功效函数的建立

功效函数是基于指标的实际值与目标值，测算出指标功效系数，即指标对系统的功效和作用。同时，根据协同理论，指标对其相应主体的贡献度可利用功效函数求出，其中包括两种：一种是正功效，即随着指标的增大，系统的有序度会增加；另外一种是负功效，即随着指标的增大，系统的有序度会降低。

2.主体的有序度计算

主体有序度可以通过指标的加权平均数或者指标的几何平均数进行衡量。

第六节 特种设备安全多元共治策略

为了确保特种设备安全多元共治模式的有效运行，本节基于多元主体、治理客体和制度体系，从政府、市场和社会三个层面出发，构建了特种设备安全多元共治运行机制体系。在此基础上，为落实特种设备安全多元主体相关职能、责任和义务，推进特种设备安全多元共治协同发展，提出提高政府治理能力、加快落实使用单位责任、全面推进责任保险工作、加强行业协会自律与服务、提升检验机构技术创新服务和激励社会公众参与治理等 6 方面建议。

一、构建特种设备安全多元共治运行机制体系

为了确保特种设备安全多元共治模式的有效运行，相关学者构建了一套成熟的特种设备安全多元共治运行机制体系。该体系以多元主体为核心，以市场化治理、政府治理和社会治理为指导，以落实主体责任、提高主体间协同度和系统协同度为目标，建立多维度、多手段特种设备安全多元共治协同机制，使政府、使用单位、保险公司、检验机构、行业协会、社会公众等多元主体相互联系、相互帮助、相互制约，实现特种设备安全多元共治。

“依法治特”是特种设备安全多元共治的基础和准则，法律法规、部门规章、安全技术规范等明确了各级政府及各部门的责权，以及市场各利益主体的责任，为各级政府及相关部门提供执法依据。

特种设备市场包括设备检测市场、设备保险市场、设备交易市场和设备金融市场，以政府层面、市场层面和社会层面为中心，建立市场信用机制、保险

机制、“吹哨人”机制、技术支撑机制、行业自律服务机制、技术考核机制、舆论机制和投诉举报机制，能够有效地将社会主体和市场主体引入特种设备治理体系中，从而充分发挥检验机构的技术力量、保险公司的风险分担作用、行业协会的教育培训能力、社会公众的舆论监督能力等。

（一）政府层面运行机制

1.部门联动机制

建立部门联动机制，形成执法合力。由地方政府牵头，集中政府的人力、物力和财力，联合市场管理局、安监部门、公安部门和消防部门，以设备全寿命周期为主线，梳理设备设计、制造、安装、使用、检验、改造、经营、报废等环节中各部门的职能，界定各级和同级部门的界限，明确各部门的执法内容和范围，提高纵向和横向的信息流动能力；定期公布设备运行、维修、检验、改造、检查等信息，强化部门间的合作力度，建立和完善政府内部的联动机制，通过联合督办、专项检查、限期整改、行政处罚等措施，落实相关主体责任。

2.安全责任机制

落实安全责任机制，明确主体责任。应当明确政府领导责任、监督部门管理责任、相关部门执法责任，落实使用单位设备安全责任和检验机构检验质量责任。在此基础上，建立和完善特种设备相关法律法规、安全技术规范、国家标准和部门规章制度，落实主体的安全责任和义务。政府应落实领导责任和监督管理责任，做好专项检查、行政处罚、行政许可、应急救援等工作，提高本区域特种设备安全管理水平；落实检验机构的检验质量责任，完善检验检测质量保障制度和检验检测方案，提高检验人员检验检测能力，保障特种设备检验检测服务质量，提高设备安全性。

3.惩罚机制

建立多元化的惩罚机制，落实主体责任。相关政府部门应依据《特种设备安全法》《特种设备安全监察条例》和《国务院关于特大安全事故行政责任追究的规定》等相关法律法规，在严厉查处企业违法违规行为的基础上，建立多元化的惩罚机制。惩罚机制包括责令停止使用、没收设备以及违法所得、罚款、公布违法违规企业等，建立行政、经济和信用等方面的惩罚手段，以震慑不法企业。同时，教育和警示相关企业、单位和机构严格遵循法律法规，增强特种设备使用单位对设备安全管理的积极性，强化特种设备安全使用效能。

4.应急机制

完善应急机制，提高应急救援能力。按照“快速反应，依法规范，协调配合”的原则，建立和完善应急机制。地方各级应急管理部门应统一协调，指挥特种设备应急救援工作，由地方政府牵头，联合各级的市场监督管理部门、公安部门、消防部门，整合优化救援物资，完善地方特种设备应急救援体系。在此基础上，依托物联网、大数据、云计算等新一代信息技术，建立特种设备安全应急救援平台，提高事故救援和应急处置能力，加快事故信息的传递，快速展开事故救援活动，尽可能做到早发现、早报告、早控制、早解决特种设备安全事故。此外，在事故处理中应做好舆论引导工作，减少由事故带来的社会恐慌问题。密切关注媒体报道的动向，主动加强与媒体交流，积极向媒体介绍情况，正面宣传和引导，防止以点概面、以偏概全。

5.培育机制

建立培育机制，提高社会治理能力。政府应通过政策、技术和资金等多种扶助手段，加快培育行业协会自律服务能力。行业协会通过设计服务清单、制定团体标准、诚信建设、技术咨询、安全宣传教育、技术考核、安全评估，提高行业协会地位和影响力，辅助政府监督检查，引导企业规范化发展，提高检验机构服务质量和社会公众安全意识，引领行业有序健康发展。同时，政府应加快引导社会公众参与特种设备安全治理工作，通过增加投诉渠道和提供奖励等方法，激励公众积极监督企业的行为，提高公众安全意识。

6.动态管理机制

建立动态管理机制，提高管理效率。相关政府部门应以物联网、大数据、云计算等新一代信息技术为基础，以设计、制造、使用、经营、维修、改造、检验、报废等8大环节为主线，以数据标准化为准则，以线上数据辅助线下工作为原则，建立数据词典，形成各类特种设备全寿命周期基础数据库，并依据多元主体功能、业务范围、办理流程等，设计和构建全国统一的特种设备安全智慧管理平台，实现注册登记、行政许可、监督检查、执法处罚、信用管理、实时监测、风险预警等数据的互联互通。此外，政府应积极促进各方主体信息公开，推动信息共享，出台激励政策，吸引众多的社会主体和市场主体参与治理，强化多元主体功能和作用，提高线上与线下的衔接度，建立精确化、便利化、标准化、智能化、动态化和公开化的特种设备动态管理机制。

（二）市场层面运行机制

1.市场信用机制

建立市场信用机制，规范市场行为，加强特种设备市场化治理。完善的市场信用机制能有效规范市场主体的不当行为，有利于各市场主体健康发展。

特种设备市场信用机制主要包括企业信用机制和人员信用机制。政府应出台一系列指导性文件，规范特种设备的保险市场、设备交易市场和检验检测市场。同时，政府应牵头促成行业协会与特检集团共同建立本区域市场信用评价体系，由市级管理部门对设备交易市场相关主体进行许可和监督，严格把控市场主体、设备和从业人员进入市场，并将相关主体注册信息递交行业协会和特检集团。此外，行业协会和检验机构应建立信用档案平台，对市场中的使用单位和从业人员进行定期信用评价，并公开信用状况，供社会和市场主体查询，形成操作性强、可量化的信用评级系统，建立完善的企业和个人信用服务体系，规范信用服务行为。

2.保险机制

建立和完善保险机制，推动安全责任保险，提高保险机构的赔偿能力。首先，政府相关部门应与特种设备行业协会、保险行业协会共同制定顶层设计方案及相关规范性文件，规范特种设备保险市场，开发特种设备保险市场的业务，挖掘特种设备潜在保险需求，鼓励特种设备使用单位的投保积极性，激发保险公司的热情，并出台相关扶持性政策，逐步引导保险公司进入特种设备市场。其次，保险公司应根据相关法律法规和安全技术规范设计强制保险内容，积极加入特种设备市场，减轻政府赔付压力。特种设备市场主体多，涉及的责任保险品类众多，保险机构根据不同主体责任，设计出不同的保险产品，为特种设备市场提供多样化的保险服务。最后，保险机构还起到事故首赔的作用。在事故发生之后，保险机构会首先赔付相关款项，后期根据政府事故调查结果，确定事故原因，厘清双方主体责任，并与合同双方探讨赔偿比例。

3.技术支撑机制

强化技术支撑机制，排查设备隐患，为设备安全保驾护航。长期以来，我国采取的技术支持机制主要为特种设备使用前的监督检验制度和设备使用过程中的定期检验制度。检验机构对特种设备进行检验、技术鉴定和风险评估，不仅能够检查特种设备的安全运行状况，还能为政府监督检查、隐患排查、专项整治、事故调查等提供坚实支撑。但随着检验检测技术的不断革新，检验机构逐渐向市场化和社会化转变，部分机构已慢慢转变成公益性机构。同时，使用单位同时也拥有自主选择检验机构的权利，特种设备行业检验机构和企业自检机构也在不断地发展。

因此，在检验机构转向公益性机构的前提下，应强化检验机构的技术支撑作用，完善法人治理结构和检验检测质量保障体系，激励检验机构的技术创新能力，提高其服务质量和市场竞争能力，规范特种设备检验市场，从而激发特种设备检验机构的活力，提高资源配置效率。

（三）社会层面运行机制

1.行业自律服务机制

建立行业自律服务机制，规范特种设备行业协会行为，推动特种设备行业有序、健康发展。依据相关法律法规、技术标准和行业协会规章，加强和完善特种设备行业协会自律管理制度，建立健全内部自律制度，明确特种设备行业协会自律条款和处罚条件，提高从业人员道德素质，增强特种设备行业协会内部公开化、公正化、透明化管理。在此基础上，以政府、使用单位、检验机构和公众为服务对象，提高技术咨询能力，辅助政府完成相关专项监察工作，解决使用单位疑难问题。建立诚信体系，开展道德诚信教育，制定行业自律公约，提高使用单位诚实守信、合法经营的意识，创建公平竞争的特种设备交易市场、检验市场等。加大法律法规、安全技术规范、国家（行业）标准、安全知识等宣传力度，提高公众安全意识。

2.技术考核机制

强化技术考核机制，规范特种设备从业人员行为，降低事故发生率。以分类许可制度为基础，以特种设备行业协会（包括考试机构）为核心，以各类特种设备从业人员为对象，完善资质考核制度，不断更新和完善考核内容，注重考核从业人员的技术能力和道德素质，建立从业人员数据库，强化特种设备技术考核机制。在此基础上，针对特种设备一线人员，如操作人员、安全管理人员、现场监察人员、检验人员等，建立日常技术考核制度，及时纠正和规范特种设备操作和使用行为，从而提升各类作业人员的专业技术能力，增强安全意识，提高设备安全，减少事故发生。

3.舆论机制

建立舆论机制，引导舆论，减少网络谣言与社会恐慌。网络技术的不断进步加快了信息传递与交换的速度，也催生了各类发展迅猛的自媒体，公众可以利用多种平台关注突发事故、参与事故讨论、发表个人意见。而特种设备与公众生活密切相关，信息的不对称容易产生大量的网络谣言，引起社会恐慌，不利于社会经济的稳定发展。因此，应建立舆论导向机制，大量开展线上线下咨询活动，积极主动与社会公众沟通，客观、真实、正面地阐述事故的发生经过，正确引导社会舆论的走向。

4.投诉举报机制

完善投诉举报机制，发挥社会公众舆论监督作用，增强社会治理效能。拉近社会公众与特种设备安全使用、监督、检验、管理的距离，在电话、微博等投诉举报渠道的基础上，依据社会公众的群体特征，针对特种设备的类型，建立多元化、多功能、便利性的投诉举报渠道平台。完善政府和行业协会的投诉举报制度，规范投诉举报流程，加快受理和办理速度，提高回复质量以及调查处理效率。此外，应完善奖惩机制，加大奖励力度，提高社会公众的参与度；建立保密制度，解除举报人后顾之忧，保障举报人的人身及财产安全。

二、特种设备安全多元主体政策建议

（一）提高政府治理能力

1.培育社会主体，推动形成多元治理格局

目前我国特种设备多元共治整体协同发展程度有限，相关社会主体不管是参与程度还是参与能力都还不够，因此需要政府在政策、资金等方面对其予以适当的扶持和帮助。政府除了政策扶持，还可以通过购买服务的方式，对社会组织进行资金支持，使其充分发挥第三方治理的作用。

其中，政府应重点对市场保险机构给予技术和资金支持。一方面，政府以财政补贴的形式培育特种设备保险机构，将保险机构引入特种设备行业，不断增强保险机构的盈利能力，促使其分担风险，降低特种设备行业的风险损失，

进而减轻政府的赔付压力。另一方面，政府牵头，以委托合作的方式，使行业协会或特检集团的先进技术能够有效地为保险机构服务，弥补保险机构的行业知识空缺，提高保险机构特种设备技术水平，消除特种设备行业壁垒和技术壁垒。

2.优化法律法规，建立多元共治法律保障体系

政府应当进一步优化法律法规，完善市场治理相关法规标准，落实相关主体责任，填补社会治理相关法规标准空缺，建立信息可追溯法规体系。

首先，政府应进一步优化清理法规标准。依据特种设备类型，联合相关部门一起梳理特种设备的法律法规和部门规章，进一步明确各级特种设备安全管理部门的职责边界，尤其是明确基层管理人员的职责边界，完善安全责任体系。确定特种设备规章和安全技术规范目录，修改、废止不适应当前形势的规章及安全技术规范，着力解决现行法律法规存在的交叉、矛盾甚至不一致等问题。

其次，政府应依据各类特种设备全寿命周期（包括重要的零件和部件），统一梳理和制定使用单位的安全责任清单，厘清市场主体各自责任边界，完善和补充特种设备市场主体的法律责任体系，扩大特种设备风险监督和监察的覆盖面，完善特种设备安全责任强制保险法律保障，激励使用单位投保，以市场化手段辅助特种设备安全管理，由保险机构辅助承担对企业的具体监督工作，缓解特种设备安全管理部门的管理压力。

再次，政府应基于社会治理视角，明确行业协会和社会公众的功能与作用，赋予行业协会和社会公众相关法律义务和权利，弥补社会治理法律法规的空白，提高社会公众参与度，提升行业协会的影响力和约束力，形成社会公众监督，行业协会自律的“共建、共治、共享”的社会治理制度。

最后，政府应建立信息数据法规保障体系。政府应以风险管理为基础，以特种设备全寿命周期为主线，按照设备类别梳理特种设备风险清单，建立信息标准化体系和信息安全规范体系，规范管理部门、企业和检验机构的数据收集、存储、分析和上传工作，将设备安全数据、管理数据、检验数据、监督数据等

核心数据集成到动态管理平台，打破各平台数据孤岛、无法共享等问题，为建设智慧管理平台提供法律保障。

3.加强执法力度，提高管理效率

一方面，政府应加强监督检查，严格管理执法。政府应督促特种设备使用单位严格落实相关安全责任，加大企业安全投入，完善安全管理制度，提高安全管理水平，做好日常维护工作和定期检验，及时纠正和排除隐患，从源头上遏制各类事故的发生。另一方面，针对违法违规行为，政府应加大部门间信息共享力度，形成管理合力，提高管理效率，进行定期不定时的专项监察，推动企业安全信用管理，将特种设备企业（包括制造、经营等）纳入社会信用体系中，进一步形成特种设备安全高压态势。

另一方面，政府应建立有效的激励机制。按照分类管理的原则，帮助安全管理水平高、技术能力强的使用单位更好发挥其自主管理的能动性，激发企业的内生动力和市场活力。同时，强化社会监督机制，运用行业自律服务机制、技术考核机制、舆论机制、投诉举报机制、保险机制、市场信用机制、“吹哨人”机制等，增强特种设备市场治理能力。

4.注重信息化建设，推动智慧管理体系建立

信息化是特种设备安全管理工作的重要基础，推行动态管理、智慧管理和风险管理都必须以信息化为手段，开展风险识别、研判、预警和处置也离不开大数据的支撑，特别是特种设备的使用数量逐年增加、管理力量明显不足，更加需要以信息化、数字化为支撑，突出智慧管理。未来，信息化技术的发展很可能会完全改变现有的管理模式，甚至重塑管理工作体系。例如，推进部门内部数据共享，推动全国数据互联互通，实现特种设备信息“全国一张网”，真正让数据多跑路、让群众少跑腿。

（二）加快落实使用单位责任落实

1.落实使用单位安全责任，遏制事故发生

特种设备使用单位应切实促进安全人员配备、定期检验管理、隐患整改、安全培训等安全责任工作的全面落实，提高企业安全管理水平；企业应积极为特种设备购买保险，完善各类安全防护设施，提高预防能力；加强自查自纠，及时发现安全隐患，制定措施限期进行整改，从源头上遏制各类事故的发生；建立有效的激励约束制度，充分发挥市场作用和政府作用，综合运用保险等市场化机制、信息化手段，用好第三方管理力量。

此外，企业应通过取消作业人员行政审批、转变定期检验，推行安全责任保险、强化社会救助和监督等方式，切实落实使用单位安全责任。

2.加大人才培养，提高安全意识

特种设备基层从业人员是设备安全“第一道保险”，基层从业人员的操作技能和安全意识很大程度上影响特种设备的安全使用。打造高素质、高能力、高水平的特种设备工匠离不开全社会的帮助，因此应集中政府、社会和市场等资源，培养技术水平过硬、安全意识较强、工作规范的特种设备从业人员。

（三）全面推进责任保险工作

1.建立多样性保险模式，推进安全责任保险发展

相关部门应依据特种设备种类和特征，提出发展各类特种设备安全责任保险的具体措施和保险示范条款。各地要通过政策激励、示范、宣传等措施，提高各类特种设备安全责任保险的覆盖率，推进特种设备安全责任保险的发展。

2.建设信息化平台，规范安全责任保险市场

相关部门应建设特种设备安全责任保险信息管理平台，与安全生产管理信息平台对接。凡开展特种设备安全责任保险业务的承保人必须接入平台，以便于保险公司开展特种设备事故预防工作，对赔款费用支出情况进行定期评估和

分析。平台应满足各级各部门及投保使用单位的查询需要，具备在线投保、保险状况查询、安全隐患排查信息查询等功能。参与信息共享的各主体应依法保守有关商业秘密，保证信息安全。各地单独建设的信息平台必须具备特种设备安全责任保险信息管理平台功能。

3.建立激励约束机制，确保安全责任保险健康发展

各级政府机构要按照要求，强化工作措施，通过定期检验、督导等形式督促相关使用单位投保特种设备安全责任保险，并将特种设备安全责任保险实施工作作为本级和下级年度安全生产综合考评的重要内容，大力推动特种设备安全责任保险工作。建立承保人服务考评机制，综合日常管理工作、首赔服务、监督情况、安全培训宣传、客户投诉等要素指标对承保人进行考核，并将考核结果作为保险机构准入和退出特种设备安全责任保险承保人资格的主要依据，对年度考核不合格、发生违背服务承诺等情况的保险机构，取消其承保人资格。

（四）加强行业协会自律与服务

1.提高行业协会技术服务能力，推动行业有序发展

强化特种设备行业协会的技术服务能力，为政府、使用单位、检验机构等提供技术咨询服务、人员技术考核服务、技术技能培训服务、安全教育服务等专业化的技术服务。并利用各种渠道收集、分析和发布国内外特种设备行业相关信息，让使用单位、检验机构、社会公众了解特种设备行业发展现状和趋势，以及政府相关部门对特种设备安全管理工作的部署与要求，推动特种设备行业有序发展。

2.提高行业沟通和交流，解决使用单位问题

特种设备行业协会是政企间的“桥梁”，是推动特种设备信息流动的关键纽带。特种设备行业协会应当建立信息交流机制，加强与使用单位、检验机构和政府的联系和互动，积极推进行业内部信息的流通，促进行业内的沟通与交

流，针对使用单位的问题和需求，为政府出言献策，从而促进使用单位安全发展。此外，通过访问、会议等多种渠道收集特种设备行业发展情况，积极向政府反馈相关问题，提出针对性解决方案，推动企业长效有序发展。

3.加强诚信与团体标准建设，规范特种设备市场秩序

推动整体特种设备行业自律发展，提高使用单位安全管理能力，落实安全责任是特种设备行业协会的重要任务之一。行业协会应当以各类特种设备全寿命周期为主线，建立和完善企业或者机构、从业人员、检验人员、安全管理人员、设计人员等相关单位和人员的诚信体系，并联合市场管理局、银行金融机构、保险公司等相关部门一起管理，从而减少相关企业或机构，以及特种设备相关人员的违规违法行为。

（五）提升检验机构技术创新服务

1.强化检验机构技术作用，提高检验质量

检验工作作为常态化的隐患排查手段，在保障设备安全、防控安全风险、排查整治隐患等方面发挥了重要的作用。检验机构必须发挥技术把关和业务协助的作用，通过建立和完善检验质量保障体系，设计和完善检验检测方案，加大培养检验人员的检验能力，引进高素质人才，不断提高检验机构的检验服务质量。此外，市场管理系统所属检验机构要牢记初心使命，强化公益属性，加大研究投入，加强检验能力建设，提高技术研发水平，为安全管理工作提供坚强的技术支撑。

2.提升检验人员能力，强化专业技能

检验机构要根据本地设备数量和特点，充分考虑特种设备的专业技术性，配齐配好检验人员，大力开展全员培训和达标活动，提高工作本领，确保“专业工作，专业队伍，专业检验”。检验机构要强化公益属性，加强能力建设，充分调动人员积极性，更好发挥技术支撑作用。要建立激励机制，对工作业绩

突出、发现或排除重大风险隐患及在应急处置中作出突出贡献的检验人员，按照国家规定给予表彰奖励，坚持“尽职照单减免责、失职照单问责”原则，提升职业荣誉感，营造爱岗敬业、勇于担当的工作氛围，努力建设高素质职业化的检验队伍。

（六）激励社会公众参与治理

1.激励公众积极性，提高公众参与度

特种设备安全多元共治需要社会公众的积极参与响应，加强社会公众的舆论监督作用有助于提高特种设备安全治理水平，有效降低事故发生概率。因此，相关机构应加大投诉举报奖励程度，减少投诉举报成本，拓展投诉举报渠道，加强社会公众安全意识，缩短社会公众与特种设备之间的距离，激发社会公众参与监督的积极性，提高社会公众参与度，充分发挥和引导社会公众监督力量，建立和完善特种设备安全社会化治理制度，让社会公众成为政府管理特种设备的“第三只眼”。

2.加大宣传力度，提升公众安全意识

相关机构应开展各类特种设备主题宣传活动，邀请和带领中央、省、自治区、直辖市、市、区级主流媒体单位或机构实地了解特种设备使用、检验、管理等过程，积极主动与主流媒体单位或机构沟通，引导媒体机构对特种设备安全工作进行客观准确的新闻报道，普及安全知识和安全治理成果。此外，举办“进校园”“进社区”等活动，宣传特种设备安全知识。

特种设备行业协会应联合使用单位、保险公司、政府管理部门一起开展特种设备相关活动，如“电梯安全知识宣传”“大学生特种设备安全知识竞赛”等；定期制作各类特种设备事故案例书籍和视频，如游乐设施事故案例小册子、电梯事故案例视频等，并加以宣传，提升社会公众的安全意识。

第六章　风险管理视域下特种设备安全管理问题分析——以 J 省为例

第一节　J 省特种设备安全管理现状与主要措施

特种设备的安全管理涵盖了特种设备的设计、生产、经营、重大修理、改造、检验及报废等环节，此过程包括每年年度统计特种设备事故报告，进一步调查各种特种设备事故原因，特种设备相关专业安全违规行为依法调查；各类特种设备无损检测机构、能效测试机构和安全阀检验机构的监督检查管理；各类特种设备作业人员、检验人员及无损检测人员的管理；各类有关特种设备的科技性知识和技术性研究成果的推广应用等。

J 省作为特种设备检验与安全管理的大省，上述方面均有所涉及。下面主要从 J 省特种设备安全管理现状和主要措施两方面进行分析。

一、J 省特种设备安全管理现状

（一）J 省特种设备安全管理机构的构成

J 省特种设备检验研究院的承压室主要负责承压类特种设备，即压力容器、压力管道、锅炉的定期检验和监督；机电室主要负责起重机械、大型游乐设施、电梯、场（厂）专用机动车的定期检验和监督；材料室主要负责材料的光谱分析和力学性能测试；安全阀室负责压力容器、压力管道、特种设备安全阀维修和校准；钢瓶检测站负责液化石油气钢瓶和其他特殊气瓶的检验检测。

J 省特种设备检验研究院现在一共有 88 名一线员工负责特种设备安全检验工作，其中，研究生 3 人、本科生 41 人、大专生 44 人；工程师 21 人、助理工程师 67 人。平均年龄 35 岁。

J 省特种设备安全监察机构承担主要的监管职能，该监察机构分为两个室，分别为锅炉压力容器安全监察室和机电设备安全监察室。

锅炉压力容器安全监察室的职能为：负责压力容器（含气瓶）、压力类特种设备（如锅炉），以及压力管道的设计、制造、安装、使用、维护和改造的安全监管、检查和测试；下属检验机构和测试人员资质的监督管理。

机电设备安全监察室的职能为：承担起重机械、地梯、客运索道、场（厂）内专用机动车辆、大型游乐设施等机电类特种设备的设计、制造、安装、使用、改造、维修、报废和进口特种设备到岸等步骤的全程监检；对机电类特种设备事故进行调查和分析；审核有关检验机构和检验人员监管的资质；监管能源密集型企业特种设备的节能工作。

J 省特种设备安全监察机构人员编制为：锅炉压力容器安全监察室正、副处长各 1 人，公务员编制 3 人，巡查员编制 3 人，共 8 人；机电设备安全监察科室正、副处长各 1 人，工勤编制 2 人，巡查员编制 4 人，共 8 人。

（二）J省特种设备的安全管理对象

随着特种设备使用数量的增加，J省范围内特种设备使用单位和操作人员也在增加。依据现有管理规定及实践现状，J省的特种设备安全管理对象分为两大类。第一类安全管理对象是“第一责任人”，即特种设备使用单位“第一负责人”，如使用单位的法人、使用单位的总工程师等。第二类是特种设备相关的操作人员，如特种设备操作工、压力管道操作工、安全阀作业人员等。

（三）J省特种设备安全管理的主要内容

J省特种设备安全管理涉及的主体有特种设备检验研究院、使用单位、监察机构。这些主体要相互合作，采取一定的措施以保证特种设备的安全。本质上，相关主体对特种设备的安全管理是一种行政行为，这种行政行为依据安全管理的方式、范围不同可分为两大类：抽象行政行为与具体行政行为。抽象行政行为主要体现为行政主体或立法主体通过制定法律法规、条例规章等规定特种设备运行的条件、标准、检验等。具体行政行为则主要体现为管理机构与监察机关通过具体的行政执法、行政处罚、强制行政措施来促使并强制相关使用主体履行安全义务。

具体来说，J省特种设备的安全管理主要包括以下内容。

1.制定或完善地方性法规或规章，落实特种设备安全管理要求

为保证特种设备的使用安全，我国在2013年就制定了《特种设备安全法》。此外，各省也相继出台了一些地方性法规或技术规范。其中，J省于2014年颁布了《特种设备安全监督管理办法》，建立了特种设备安全质量法律体系。为了更好地管理特种设备，J省在《特种设备安全法》的基础上，相继出台了《J省特种设备安全监察条例》《J省特种设备作业人员考试机构管理办法》《J省市场监督管理局特种设备行政许可鉴定评审方法》等，这些都是对国家法律有效落实的地方细化，有助于加强特种设备安全监察工作，减少和预防特种设备

事故，保障人民的财产和生命安全，更保障J省经济更快更好发展。

2.强化全过程定期或不定期的检测检验与抽查

（1）检验机构的定期检验检查

特种设备由当地的检验机构进行安装检验，与此同时，由当地的检验机构出具特种设备安全检验合格证书，特种设备使用单位办理使用登记证书，于是特种设备就有了“身份证”。依据各类特种设备安全技术规程相关规定，特种设备使用单位需向当地检验机构提交定期检验的申请，检验人员需依据工作安排对特种设备进行定期检验。如果在检验中发现特种设备有技术性问题，检验机构应向特种设备使用单位反映，使用单位须立即进行整改，待整改完毕，经检验机构现场确认后，特种设备方可投入运行。

（2）监察机构的不定期抽查

J省每年都会不定期进行特种设备质量安全大检查，由J省市场管理局牵头，各个市、县的市场管理局相应科室派监察人员到特种设备使用单位进行随机抽查，一旦发现特种设备存在风险和问题，立即对特种设备使用单位采取行政措施。

3.加强境外生产的特种设备的严格管理

对于从境外进口的特种设备，实行特定的安全管理。首先是入关检查，特种设备制造厂家必须持有国家市场监督管理总局授权的特种设备制造许可证，特种设备的设计文件亦需由我国特种设备检验研究院有关部门进行设计文件鉴定。与此同时，由J省特种设备检验研究院进行到岸监督检验，现场监督检验完成后，由J省特种设备检验机构出具进口监督检验合格报告，再由地方检验机构进行安装检验，最后市场监督管理部门相关科室向特种设备使用单位发放特种设备使用登记证。

二、J 省特种设备安全管理的主要措施

（一）源头控制与全过程管理相结合

从源头控制安全事故发生既是对《特种设备安全法》的贯彻，也是确保安全风险最小化的有效措施。根据《特种设备安全监察条例》规定，特种设备设计、制造、安装、修理、改造实施行政许可制度，审批特种设备相关工作资质，只有得到了行政许可，才可以从事行政许可范围内的工作。此外，特种设备产品必须通过驻厂监督检验之后才能交付给使用单位。特种设备的安装、重大修理等，必须通过监察部门的审核后才能投入使用。获得制造许可证的企业必须满足《特种设备生产和充装单位许可规则》（TSG 07—2019）的相关规定。该规则对特种设备生产单位的场地、人员结构组成、设备的数量等都有严格的要求，旨在从源头上杜绝特种设备生产的不合法性。

另外，全过程管理也在一定程度上减少了特种设备的安全风险。《特种设备安全监察条例》规定，特种设备的安全监察机构负责对特种设备的设计、制造、安装、改造、维修、使用、检验检测等整个过程的监管。

（二）注重管理效率的提升

2020 年以来，J 省市场监督管理局在特种设备监管方面做了两大举措。一是对全省范围内的特种设备进行了排查，此次排查范围大、时间紧、难度高，共历时 13 个月，初步查清了全省特种设备的数量。排查结束后，J 省特种设备登记在册数量比去年增加了 3.6%。二是在此基础上，监察机构和检验机构共同创建了“特种设备智慧云平台”，在云平台上能查到省内每台特种设备的基本信息，是否在用、是否检验超期等情况。检验机构和监察部门实现数据共享，一旦特种设备出现超期未检的情况，系统会自动报警，监察机构就会立即赶赴

现场，使用单位应进行处理。对于机电类电梯而言，J 省率先建立了运行电梯应急处置平台，即“96333 平台”。2020 年全省电梯应急救援平均到场用时缩短到 13.1 分钟，比去年下降 4.41%，事故率下降了 80%，更大程度上保障了人民的生命财产安全。

（三）行政许可和制度化的监督检查相结合

J 省以法律法规为依据，建立并在一定程度上全面落实了特种设备的行政许可制度和监督检查制度。特种设备行政许可制度包括设计许可、制造许可、安装许可、修理许可、注册登记许可和检验检测机构批准和作业人员考试等。特种设备监督检查系统包括强制检验系统、执法检查系统、事故调查和处理系统、应急预案的基本系统等。

全省范围内大大小小的制造企业有 3 000 多家，监察机构在每个制造厂都设有专门的驻厂监检人员，每台特种设备的生产都要经过驻厂人员的资料审查、现场见证、材质分析等步骤，这有效保证了特种设备风险的最小化。

2018 年，湖北省当阳市某厂发生特种设备爆炸，特种监察机构查明事故原因是流量计质量不合格。在此之前，我国对于流量计的管理还是一块空白，J 省立即成立专家团队，为流量计企业办理特种设备生产许可证，当地某厂流量计制造有限公司成为全国第一家有流量计制造许可证的企业。

第二节 J省特种设备安全管理面临的挑战

一、使用单位安全风险防范主体责任未落实

特种设备的安全管理涵盖各个环节，如设计、生产、安装、使用。每个环节的纰漏都可能导致特种设备发生事故的风险增大。在这么多环节中，使用环节是特种设备事故占比最大的环节。据官方数据统计，J省95%的事故都是使用单位在使用特种设备时的违规操作导致的。

2020年10月左右，J省某地企业的一个司炉工没有及时对锅炉上水，导致锅壳温度升高，进一步导致锅炉爆炸，该员工当场死亡，这是一起严重的人身安全事故。2021年5月，广东省湛江市某小区发生电梯事故，造成1人死亡。2021年6月，广东省中山市某家具公司发生一起厂内专用机动车辆事故。2022年2月，湖南省邵阳市也发生了一起锅炉爆炸事故，造成1人死亡、4人受伤。

对于安全责任事故的主体而言，这些事故产生的原因主要包括以下几个方面：事故单位安全风险防范主体责任落实不到位；事故单位安全风险意识缺乏，私自安装并使用特种设备，或对特种设备及其安全附件长期不检验、不维修，使其“带病”运行；在未取得特种设备使用登记证的情况下私自使用特种设备，特种设备操作人员无证操作。

对于安全管理机构而言，这些事故的发生其也有不可回避的责任，主要原因有：未按法律法规及管理规定进行安全管理，管理不到位，管理方案不完善。监察机构应在要求使用单位必须全面有效履行主体安全责任的同时，加大对特

种设备的安全排查力度，坚决杜绝无证上岗、无证施工、无证运行的情况。另外，监察机构亦要加大对特种设备使用单位的巡查力度，对于那些超期未检的使用单位进行行政处罚和公示。

J省某些地区目前仍然经济比较落后，营收规模在100亿以上的大企业较少，主要还是以人员较少、营收规模在10亿以下的企业为主。这些企业大都在特种设备风险管理方面投入资金较少，缺乏对特种设备管理方面的认知。据统计，从2000年到2021年这21年间，该省大大小小的事故共30多起，死亡6人，伤32人。80%以上的事故都是因使用单位未落实风险防范的主体安全责任，如个别企业还在使用国家明令淘汰的特种设备，有些企业还在使用超期未检的特种设备。

二、使用单位第一责任人的风险管理能力有限

特种设备的使用单位法定负责人或者总工程师是第一责任人。在分析企业负责人对特种设备日常检查工作的过程中，我们发现部分特种设备使用单位第一责任人缺乏特种设备风险管理能力，甚至对自己负责管理的在用设备的基本情况都不了解，也不清楚哪些是特种设备（特种设备需要经过检验机构进行定期的法定检验），哪些是一般设备（一般设备只需要企业每年对需要维修的设备进行日常检修）。这种情况不仅使企业很难获得较大经济效益，还会增加企业安全管理的风险。

以2018年国家市场监督管理总局组织的“电站锅炉范围内管道隐患专项排查整治”为例，在检查中，监察人员常常发现使用单位的第一责任人需要花费大量的时间来查找特种设备相关档案资料。大多数锅炉制造厂的原始资料存在丢失情况，有些企业负责人甚至不知道主蒸汽母管是什么，也从未参与过检验机构对其进行的检验工作。有些企业在特种设备投入运行之后，从未对锅炉

主蒸汽母管进行全面的检验，存在极大的安全隐患。面对被查出来的问题，有些第一责任人并不在意，只是口头承诺一定会进行整改，但在下一次监督抽查时，原来发现的问题还是没有得到解决。

三、使用单位的特种设备安全管理体制存在缺陷

特种设备使用单位的行政部门众多，但负责特种设备的检修、检验及日常维护保养的部门很少，使用单位的众多特种设备的检修、检验及日常维护保养工作落到了特种设备工程师的肩上，导致特种设备只要停炉检修，工程师就得奔赴现场，缺少一对一的闭环管理。特种设备的使用登记台账和处理事故的应急预案同样也流于形式，众多使用单位的质量体系文件已经失效。有些特种设备的“第一责任人”也明白本单位的特种设备的安全管理体制存在缺陷，但由于要控制人工成本的增加，也就默认了这种情况。

四、监察、检验机构的监察、检验能力不足

（一）专业人员配备不充分

专业人员配备不充分，难以全面应对所有特种设备的风险检测，这是目前J省特种设备安全管理亟待解决的一大问题。各级特种设备安全管理部门按照国家市场监督管理总局的有关规定，按照职责范围对辖区内的特种设备进行安全管理。在实践中，J省特种设备安全管理部门按照规定对有关单位的特种设备进行现场检查。J省应该按照特种设备安全监督检查制度，对特种设备安全监察人员向使用单位提出的问题进行进度跟踪，直到消除隐患。

尽管管理部门通过组织相关专业知识培训，让更多的特种设备安全管理人

员取得了监察资质证书，但部分持证的特种设备安全管理人员仍不能抽查出特种设备在使用过程中的问题，这对监督工作提出了更高的要求。

从目前J省特种设备安全管理的现状来看，要想实现全省特种设备的全面管理亦是非常困难的。J省特种设备安全管理工作的目标是特种设备登记率达到100%，以达到实时监控的目的。而在实际检查中，监察人员发现J省还存在着相当数量的未注册设备，这些设备的使用单位大多数是小型制造企业、大众浴室、镇卫生所等。这类使用单位的特点是特种设备种类少，安全管理人员文化水平不高，安全意识不足。这类使用单位需要在安全管理部门指导下才能有效执行相关的政策法规，安全管理部门检查特种设备安全时，如果发现了问题，还需向使用单位说明问题出在哪里，告知使用单位怎样解决问题。以现有的管理专业人员的数量和能力来看，完成日常的监察任务已经非常困难了，故对J省内类似的使用单位进行拉网式的全面排查很难实现。

（二）检验设施设备不完备

检验设施设备不完备，难以对特种设备的所有潜在风险进行有效评估。随着J省推出“惠企20条”措施，J省的经济又上了一个新的台阶。众多投资者来J省投资建厂，导致特种设备的数量快速增加，J省特种设备检验技术机构的法定检验任务日益增多，需要的检验仪器亦日益增多，保障特种设备在检验有效期内稳定运行的压力不断增大。特种设备检验机构的主要工作就是对特种设备进行定期法定检验，保障特种设备可以在安全稳定的工况下正常运行。衡量一个特种设备检验机构检验能力的指标之一就是特种设备检验的时效性，即特种设备使用单位向检验机构申请特种设备法定检验，检验机构必须在特种设备即将到期之前进行检验。

根据近年来J省不同层级的市场监督管理机构组织的特种设备检验机构“大练兵”来看，J省特种设备检验研究院在全省“大练兵”中，检测时效这一项一直比其他检验机构低。从每次“大练兵”的考核结果来看，J省特种设备安全检验机构保障了绝大多数特种设备在检验有效期内进行续检，但仍有部分特种设备无法在规定的检验周期内进行检验。

特种设备无法按时检验的原因是多方面的，除了有特种设备使用单位自身的因素，还有相关检验机构的检验技术不够先进等因素。比如，针对使用单位无法停炉检验，导致特种设备的温度较高的情况，检验单位的设施设备无法进行高温检验，只能通过基于风险的检测技术进行评估，但该技术存在法律规范不完善等问题。

此外，虽然检验机构可以对特种设备进行法定的定期检验和监督检验，但特种设备检验机构的检验设施设备无法对所有特种设备进行事先有效的风险评估，其安全评价的能力和风险预警的能力还需进一步提高。

（三）管理机构的宣传和引导不到位

从安全风险的有效管理而言，管理机构对不同类型特种设备的安全风险知识普及也是十分重要的。就现状而言，J省大多数特种设备的使用单位认为专业性管理机构的宣传和引导是不到位的，因此导致使用单位第一责任人不知道或不能全面了解特种设备使用时存在的风险，更不知道风险所带来的巨大危害。

J省在安全风险的管理实践中，作为特种设备的监察部门并没有和使用单位形成长久有效的联动机制，既缺乏对第一责任人的风险知识的普及宣教，缺少对第一责任人风险管理能力的评估，更缺乏对第一责任人管理能力的提升与培训，这是现在J省特种设备安全管理机构存在的较大问题。

五、安全风险的预防性制度不健全

安全风险的预防性制度不健全，从根本上制约了特种设备安全管理机构风险防控措施的实施。特种设备安全风险管理既是相关管理主体对安全风险预防管理性、技术性规则全面理解与解读的过程，也是相关管理主体将这些管理性与技术性规则落实为具体措施的过程。

在特种设备安全风险的预防过程中，相关管理机构必须通过相关的技术规则、管理规范等方可确保管理实践措施的落实。但令人遗憾的是，J 省现有的地方性法规与相关的管理流程并不能为特种设备安全风险的预防提供充分的依据。在相关管理机构未明确自身相应的管理流程或规则的情形下，单纯要求制造或使用单位进行安全风险预防无疑是本末倒置的。

第三节　J 省特种设备安全管理问题产生的原因

一、管理对象安全风险预防的意识不够、自律性弱

近几年，一些小微企业安全意识不够，自我约束能力也不强，购买一些没有监检证书的特种设备，给自身生产带来了巨大的安全隐患。一些企业的内部管理制度比较混乱，安全风险预防意识和自我约束力较弱。2013 年 4 月，浙江汇嘉家居用品有限公司发生蒸化锅爆炸事故，造成一死一伤。造成该事故的原

因有：①车间负责人安排无证人员操作蒸化锅。操作人员违章操作，在未经培训、不具备相应资质、对设备危险性认识不足的情况下盲目违章操作。②蒸化锅联锁保护装置失效，未起到保护作用。③安全管理不到位，安全管理制度未落实。在事故现场未见到该公司张贴的相关操作规程和注意事项，操作员工不熟悉安全规章制度，安全意识淡薄。企业特种设备安全管理是公共管理的一部分，特种设备使用单位易形成惯性思维，不愿在内部安全管理上投入过多的人力及物力，这使得特种设备使用单位的安全管理工作没有效果。

大家熟知的电梯亦是一种特种设备，根据用途可分为乘客电梯、载货电梯、医用电梯、杂物电梯、观光电梯、车辆电梯、船舶电梯、施工电梯、特殊电梯。特殊电梯又分防爆电梯、矿井电梯、消防员电梯等，其具有公共产品属性，如住宅楼电梯通常由社区所有者共享。这类似村民出钱修路，但某些没有出钱的村民亦可以使用修好的路，同样有些住户不支付物业费用，但在某些情况下亦可以使用电梯，这是所谓“搭便车”现象。从2021年J省统计的数据来看，电梯占J省特种设备总量的35.15%。随着新农村的建设和农村人口向城里转移，未来会有更多的商业小区和安置房工程，此类电梯的数量亦会逐步增加，“搭便车”问题会更加突出。“搭便车”问题会导致此类特种设备的“安、改、维”得不到资金保障，进而使特种设备使用单位难以对其中的安全风险及时做出有效的识别与判断。

目前，这种现象主要发生在旧住宅区和新集中居住区，虽然表现是相似的，但根本原因是不一样的。集中居住区大多是高层建筑，在电梯的设计上比较落后，由于历史原因，居民适应无管理人员的生活环境，亦有一些居民拒绝支付物业费用，但原则上，只要这个建筑大楼里有业主支付物业费，物业就要保证建筑大楼电梯正常运行，那么没有支付物业费的业主也能使用电梯，新的业主拒付物业费的现象就会出现。长此以往，物业收到的物业费会越来越少，由于收取不到足够维持物业团队正常运作的物业费，使用单位（物业）的自律性会减弱，并且安全风险预防的意识不够，导致电梯常年没人维修、保养及定期检验，进而导致电梯出现各种各样的安全问题，同时也增加了居民群众的安全隐患。

二、检验检测能力的发展滞后于安全风险管理需要

特种设备检验研究院是J省特种设备检验唯一专业检验机构。特种设备检验检测是保证特种设备安全的一个重要手段，随着J省社会经济的快速发展，特种设备的数量越来越多，特种设备检验机构承担的责任也越来越大，但是特种设备检验研究院的检测能力发展现在远远满足不了特种设备安全风险管理的需要。综合分析，特种设备检验机构能力发展滞后的原因有以下几点。

（一）检验机构改革和现有的监察机制不协调

党的十八大以来，党中央、国务院把处理好政府与市场关系、转变政府职能作为全面深化改革的关键，大力推进简政放权、放管结合、优化服务。与此同时，J省的特种设备检验研究院面临着前所未有的挑战。

①检验机构无法满足多元化需求：J省的检验机构发展不均衡、力量分散、个别检验机构的检验能力差等，无法满足特种设备检验的需求。

②缺乏统一的管理和协调机构：目前，J省各市市场监督管理局均设立了特种设备检验机构，但各机构之间缺乏统一的管理和协调机构，导致特种设备检验资源不能实现共享或互补。

③检测机构间合作较少：J省不同城市的特种设备检验机构分属于各地市场监督管理局，同地区内的特种设备检验机构之间合作较少，无法满足大型成套特种设备整体化、连续性的检测需求。

（二）安全风险责任主体难以确立及难以追责

一方面，特种设备安全事故的发生率与追责率不匹配，这种不匹配主要体现为特种设备发生安全事故后，往往由运营或使用主体担责，相关监管部门是否正常履职或发挥应有监管作用并不明晰；另一方面，特种设备安全事故责任往往体现为事后责任与赔偿责任，责任追究的事后性、滞后性与特种设备生产、运营及使用的高风险性明显不匹配。

（三）特种设备检验机构运营资金不充足

特种设备检验机构作为公共服务机构，其资金来源主要是政府拨款。但是，由于政府提供的资金有限，特种设备检验机构需要自筹一部分资金以支持其日常运营。

在这种情况下，特种设备检验机构需要积极拓展业务范围，提高服务水平，增加收入来源。可以采取多种方式来实现这一目标，例如与当地企业合作，提供有偿的特种设备检验服务；开展技术研发和转让工作，提高自身技术水平和市场竞争力；加强与其他机构的合作，共同开展项目等。

此外，政府也应当加大对特种设备检验机构的资金支持力度，提高其服务能力和水平，以满足社会的需求。同时，特种设备检验机构也应当积极争取社会各界的支持，争取更多的资金和资源支持其发展。

（四）特种设备检验专业人才培养渠道缺乏

特种设备检验是一项非常专业的工作，相应专业毕业的大学生大都能被特种设备检验研究院录取，他们只有取得特种设备检验资格证书才能独立完成检验工作。特种设备的设计、制造，亦在不断创新，对检验的要求越来越高，检验人员需要不断学习，提高自己的专业素养。我国特种设备检验协会开展的培训较少，检验员又忙于本职工作，本着服务企业的精神，没有太多空余时间去学习专业知识。现在人才培养的渠道就是师傅带着徒弟在施工现场检验，靠着师傅手把手传授检验知识，特种设备检验研究院组织的内部技能培训亦不多。因此，需要拓宽检验专业人才的培养渠道。

三、特种设备安全风险等级划分与相关措施难以满足需求

J 省特种设备安全风险等级划分与相关措施难以满足需求的具体原因有以下几个：

①相关措施的制定和执行不到位。尽管已经制定了相关措施来降低特种设备的安全风险，但由于缺乏有效的监督，这些措施并未得到全面落实，从而无法满足实际需求。

②设备使用单位的安全意识和责任意识不足。一些设备使用单位对特种设备的安全性重视不够，缺乏必要的安全意识和责任意识，导致相关措施的执行力度不够，无法满足降低特种设备安全风险的需求。

③缺乏专业的安全风险评估和管理人才。特种设备安全风险等级的划分和相关措施的制定需要专业的评估和管理人才，但由于缺乏这些人才，或者他们的专业能力和经验不足，评估机构无法准确评估特种设备的安全风险，也无法制定有效的措施来降低风险。

④目前国内各地的特种设备安全风险等级划分标准并不统一。这主要是因为特种设备的种类繁多，每种设备都有其独特的风险因素，加上各地的管理要求和习惯也有所不同，因此很难制定一个统一的标准来覆盖所有情况。

第四节　风险管理视域下特种设备安全管理对策的完善

特种设备的高技术性、潜在危险性及使用中的安全风险的不确定性，决定了杜绝此类安全事故并非易事，因此管理部门更应进一步强化安全风险意识及管理制度，及时发现并有效处理各种可能的潜在安全风险。

理论上，特种设备安全管理对策的完善，既需要不同层面法律法规及其相关制度的配套支持与跟进，也需要在实践中落实一些兼具可操作性与实效性的管理对策。

一、特种设备安全风险管理等级及其评价标准的确立

（一）特种设备安全风险管理等级的确立

以管理对象使用过程中的风险等级确立为核心，建构出完善的特种设备安全风险管理体系。对于特种设备而言，风险因素有很多，从开始的特种设备制造过程中产生的风险，到后期因安装、使用、重大修理、改造等而产生的风险，但笔者认为特种设备使用过程的风险是整个环节中安全性最高的，因此使用单位应有能力排除风险隐患，把特种设备的风险等级降到最低。

使用过程中的风险涉及四个方面，即人、环境、设备、管理，其中人、环境都是不能量化的指标。人一般指的是使用单位第一责任人和特种设备作业人员，他们的学历水平和专业水平都不尽相同，特种设备所处的生产环境也不尽相同，根据多年的检验经验，国企和央企的环境要比私企好，因此不能采用这两个指标的变量来做定性研究。而特种设备是一个定量，所有特种设备刚制造

出来时风险等级是一样的。因此，可对特种设备采用定性风险评估分析方法。特种设备检验机构和当地的监察机构在同一平台进行资源共享，监察机构能够第一时间对使用单位进行监管。以超期未检验特种设备的累计天数为指标，分为红、橙、黄、蓝四个等级，分别为重大风险、较大风险、一般风险和低风险。

（二）特种设备安全风险管理评价标准的确立

基于当前本省特种设备的安全风险管理现状，可以借鉴浙江省经验，建议制定适合本省的特种设备安全风险管理评价规范，对全省特种设备使用单位需定期进行安全评价。建立本省特种设备分类管理体系，并在此分类管理基础上细化分类标准，及时调整安全风险管理等级。同时，省级特种设备管理机构可授权第三方机构独立开展第三方公正评价。建议第三方机构根据专业评价水平，制定特种设备使用单位安全管理总评价表 A 和各类特种设备的分项评价表 B。计算分数的方式为：评价表 A 和评价表 B 的总分都是 100 分，但表 A 分数占 40%，表 B 分数占 60%，因此总分 Y 等于表 A 分数的 40%加上表 B 分数的 60%，根据每个使用单位的分数制定不同的风险等级，分别为高（Y≥80）、中（Y≥70）、低（Y≤60）三个层次。表 A 建议根据管理制度、管理人员、作业人员、技术档案、应急管理等方面进行评分，表 B 建议根据作业人员、使用登记、定期检验、维护保养等方面进行评分。监察机构定期或不定期地对全省的特种设备企业安全风险评价结果进行抽查，对于安全风险评价低的使用主体实施降级、限期整改或限制使用等措施。如果在安全风险评价过程中发现有潜在的重大安全风险和隐患，管理部门应及时跟进并督促使用单位建立起完善的档案制度。对于省级的特种设备安全风险标准体系的建立而言，必须确保全过程闭环管理，通过标准的制订确立起安全风险的有效排查、安全风险的分级管控、安全风险隐患的及时治理、安全风险的及时预测等多重预防机制。

特种设备安全风险管理标准的确立并不代表该标准必然能被相关使用单

位了解和采用。实践中，大多特种设备的成本不低，这对于那些超期未检“带病”运行的特种设备而言，其安全风险虽然具有一定的可预见性、可预测性，但由于有不少的使用主体存在侥幸心理，认为只要没人检查，设备就可以一直运行下去，殊不知一旦发生危险，便会产生不可估量的损失。管理机构制定标准，对企业进行安全评价，就是要激励和协助企业做好特种设备安全管理工作。因此，管理机构自身一定要加大监察力度，除了依据标准及时、全面地对不同的特种设备使用单位进行风险分级和风险评价，还应采取其他措施进行有效宣教与排查，只有这样，才能更好地对风险进行防控。

二、安全风险管理主体扩充与责任分担机制的完善

（一）接纳“第三方”参与管理，拓宽渠道

对于特种设备的安全风险管理而言，管理主体或辅助性管理主体的拓展是非常重要的。对于特种设备的风险防控而言，将具备一定专业素养且有能力担负特种设备安全管理责任的第三方机构纳入管理体系，在一定程度上拓展了管理主体（在不具备条件时，可充当政府部门的辅助管理助手）和创新管理方式。这种拓展无疑从另一方面提升了全省整体的特种设备安全管理能力，不失为一种解决风险管理问题的对策之一。

虽然第三方机构在实践中因其在完善管理制度和操作规程、日常运行记录和维护保养、管理人员和作业人员培训、隐患排查治理等方面具有独到的专业优势与管理特色，且在特种设备安全风险管理方面取得了不错的效果，因而在纳入特种设备的管理体系时，得到了市场管理局的授权。但面对特种设备安全风险管理的不确定性与未知性，如何在符合现有法律法规及政策背景的前提下接纳第三方机构，是管理部门必须慎重考虑的事项。

（二）健全相关保险责任机制，强化安全风险责任分担意识

由于大量的特种设备广泛应用于许多高风险行业，伤亡事故时有发生。而安全生产责任保险的发展无疑为这些事故发生后的责任分担提供了可能。因此，用责任保险和其他经济手段加强和改进安全生产管理，是减少安全事故损失的重要措施。

特种设备的使用具有高风险性，且这种安全风险不可能绝对排除，因此在管理实践中，管理部门完善相关制度或健全机制就显得十分重要。对于特种设备的运行情况而言，建议通过完善立法或政策，促进使用单位以投保的形式来增加安全投入，以便在发生安全事故后，能使事故得到有效控制，并使安全风险责任得到有效分担。例如，通过购买商业保险、责任保险来有效分散与分担特种设备在使用、转移、运输直至报废等过程中的风险。

尽管我国在特种设备运营及管理中，一直鼓励使用单位投保不同类型的保险，以有效分担风险，但保险覆盖率尚未达到预期的水平。这方面主要涉及机电类特种设备，如电梯责任主体与保险公司合作，通过投保电梯责任险来保障保险人的权益。

但目前，相关保险责任机制落实得不够彻底。究其原因，一方面是企业不太了解特种设备使用单位的保险，导致保险覆盖面不广，因此企业的参与热情不高；另一方面，特种设备监督部门不够重视，对此类险种及保险人受益情况宣教得不充分。此外，现有特种设备责任保险的费率计算方式及理赔方式有一定的局限性。因此，若要能通过保险制度有效缓解特种设备的管理问题与划分风险责任，必须从根本上健全各类保险责任机制。

第三方责任保险制度的完善不仅能有效分担事故方的安全风险责任，也能有效缓解因特种设备安全事故所产生的社会问题。管理部门在通过有效的措施促进使用单位，甚至设计单位购买特种设备的第三方责任保险时，不应只是简单、强制性地推进，应更多地通过相关激励性措施促进使用主体、运营主体来

购买。让使用单位了解第三方责任险的优势。除了第三方责任保险，政府部门还应健全其他类别的保险责任分担机制，使特种设备的安全管理能通过有效的经济性措施来进行。在特种设备的安全风险分担机制的建设过程中，保险制度的完善不仅减轻了各级政府的财政负担，降低了特种设备事故发生率，更充分发挥了保险制度在安全监督方面的效用。

三、特种设备使用单位的安全风险管理水平的提升

（一）提升管理对象的风险预测能力与风险管理能力

首先，提升“第一责任人”风险管理能力是实现特种设备安全风险有效防范的前提之一。“第一责任人”是特种设备的制造、安装、改造、维修、使用、检验检测等活动的主要责任主体，其风险预测能力与管理能力直接决定了特种设备的安全状况。目前，特种设备的大量使用意味着会产生大量的特种设备风险防控“第一责任人”，因此对于管理部门而言，为了应对这种未来可能产生的风险，提升“第一责任人”的风险管理能力无疑是非常重要的。

其次，加强特种设备管理对象的安全教育与培训，全面提升管理对象的风险预测能力与管理能力。特种设备使用单位“第一责任人”的风险管理能力存在较大差异性，需要管理部门主动作为。

再次，在提升“第一责任人”风险管理能力过程中，特种设备安全管理部门及其监察人员要充分利用自身的优势，既要积极帮助“第一责任人”认真学习有关法律、法规及相关技术规范，更要严格要求自己，承担自己的责任和义务，并通过能动效应，促进使用单位增加安全投入和增加管理人员、增强技术力量等。

最后，“第一负责人”应制定各类安全管理制度，如日常维护保养制度、

安全操作规程、安全考核管理制度等，特种设备作业人员要严格执行安全操作规程，监察机构每个季度对特种设备作业人员进行抽查考试，对于不合格（低于 60 分）的人员立即取消个人的特种设备作业证，直至在下次考核中高于 60 分才能继续持证上岗，企业亦要组织特种设备作业人员进行再教育，提升特种设备作业人员的操作水平，进一步提高其风险预测能力和管理能力。

（二）提升监测管理部门的风险管理能力，强化落实与执行

目前，很多地区的特种设备的安全监测管理机构仍然存在人员配备不足、设备检测范围有限等问题，风险管理能力依然不足。因此，为了提升“第一责任人”的能力，监测管理部门自身能力也得过硬。这就要求监测管理部门无论是在自身管理制度建设、管理人员配备、技术能力提升方面，还是在监测设备设施的引进、风险防范制度的动态性健全等方面，都应进行优化提升。除了在执法环节，对存在重大安全隐患问题、重大违法违纪行为的单位，给予相应的经济惩罚，还要强化对“第一责任人”的信用管理，如通过“黑灰白名单”制度，对不同的“第一责任人”进行分类管控。此外，还要强化风险防控中的公众参与，如通过某些渠道向公众告知某些相关信息，以社会力量或社会舆论来强化企业的自我约束力，迫使那些存在安全风险的“第一责任人”改变风险管理策略，提升自身的风险防范能力。

四、特种设备安全风险预测与管控合作机制的完善

（一）推进多机构或多部门联动

特种设备的安全风险管理具有较强的技术性，其所涉及的利益主体众多、流程烦琐、管理内容繁多。仅依赖专门的特种设备安全管理机构，很难防控不

同阶段、不同环节可能产生的各类安全风险。近年来，由于生产、使用、运营的特种设备的数量与日俱增，特种设备的安全风险防控具有更多的不确定性与未知性，在具体的管理实践中，既不能完全依赖行政执法机构去推进，也不能完全依靠政府的财政支持来完成。因此，应在有效整合特种设备安全监察与执法资源、实行执法考核评议制度的基础上，加强与其他相关部门的沟通，围绕特种设备管理能力的提升整合不同部门的力量来共同防控特种设备安全风险。

第一，参考德国的特种设备安全管理模式，推进特种设备技术部门与管理机构的联动。管理部门的工作人员在实行管理过程中，应了解特种设备安全管理的技术性特征，主动配合特种设备技术机构的工作，将特种设备技术与监测管理结合起来。同时，还要主动与技术人员进行及时的信息交流，全面了解特种设备分布位置等第一手资料，以便对可能存在安全风险的特种设备进行精准风险预警。当然，如果特种设备技术人员在检查的过程中发现设备在不安全的状态下运行，应及时反馈给特种设备管理局的监察人员，以利于管理部门及监察人员及时发出指示，责令整改，减少不必要的损失与降低安全事故发生率。技术机构与监督执法机构的有效联动、及时沟通，是进行全方位的安全风险监控、消除各种安全隐患的技术与行政保障。因此，在实践中，我们应通过立法与规则的完善来积极推动这种技术与规则的融合性联动，这种联动不仅能减少因风险认知差异导致的不确定性，还能减少因技术的专业性要求过高所带来的迟滞效应。

第二，推进特种设备管理机构与其他机构或部门的联动。特种设备检验机构和监察机构在加强联动时，检验机构需要对所有特种设备的风险进行有效评估，与特种设备在设计、生产、使用及报废等环节所可能涉及的相关管理机构进行合作，尽可能将安全风险消解于不同环节。与此同时，特种设备的安全管理机构要定期或不定期地对上述评估进行总结，撰写体系化的评估报告，上传至管理系统，进而促进关联性部门或机构对特种设备的产品质量进行改进。在与其他机构或部门开展联动的同时，作为专业管理部门的特种设备管理机构，应直观地分析每一家厂的特种设备的风险因素，使不同机构或部门间的联动更具有针对性。

（二）鼓励不同组织参与特种设备安全风险的监测与管理

在特种设备安全风险防范中，要充分发挥不同专业部门与组织的作用，尤其是要通过激励制度来鼓励各类特种设备行业成立行业交流组织、行业公益组织。此举的主要目的是使行业的相关规范或文件得到落实，同时进一步增强不同主体的自律性，提高特种设备安全监管的整体水平。同时，这种合作监测与管理亦有对接政府职能部门的功能。

社会公益组织是我国社会监督力量的重要组成部分，近年来发展速度相当快，这种快速成长起来的社会力量，在弥补政府管理能力不足等方面发挥了重要作用。因此，为了实现特种设备安全风险全过程防范的目的，通过授权性或激励性手段来鼓励有关组织参与特种设备安全风险的监测与管理，甚至可以让公众来参与特种设备安全管理，鼓励公众举报违规违法企业，并在网上设立建言献策的专栏，让全民参与到安全管理中来，报纸、新媒体、电视台等都可以参与其中。对于解决管理体系落后的问题，实现特种设备安全风险防控具有积极意义。

发挥特种设备检验协会、地方性特种设备管理协会等社会公共组织的作用，使其共同参与，进行合作管理，对于以政府为主导的管理体系来说并非易事。为了实现社会组织的有效参与，要消除一些不必要的行政壁垒，同时还要建立相应的管理标准与合作准入门槛，这样才能真正实现合作性监测与管理。最重要的是通过法律法规明确与特种设备相关的公共团体的社会地位，参照社区产业委员会的建立过程，明确行业协会的法律地位和权利。与此同时，也要改变现有的行政管理的思维惯性，增强社会公共组织的独立性与自主性。

第七章　企业特种设备安全管理制度与政府安全规制的衔接机制

第一节　企业特种设备安全管理制度与政府安全规制的整合管理

一、整合管理的概念

整合管理是从系统的整体性出发，发现管理活动开展过程中的共性，从而对多个管理活动进行系统的、动态的融合，以提高管理活动的整体效率。整合管理理论可以应用于各个领域，如项目管理、组织管理等。在项目管理中，整合管理涉及制定项目章程、制定项目管理计划、指导和管理项目工作、管理项目知识、监控项目工作、实施整体变更控制等过程。

二、整合管理的意义

政府与企业在特种设备安全管理方面采取措施的整合，可以弥补单方因资源的匮乏、信息的不畅通、缺乏主动性而带来的缺陷，从而可以使功能体系更加完整，管理双方信息更加互通，彼此之间相互促进、相互制约，从而使管理过程更加有序，管理结果更加有效。

三、整合管理的基本原则

（一）一体化原则

在管理流程整合过程中，应该以特种设备的管理流程为主线，并事先确定管理流程中的基本要素，并以实施规制的一方为主导牵动被制约方，从而使规制方与被规制方之间在管理上达到一体化。

（二）就主不就次原则

整合后的管理模式应以原主导组织的管理流程为主，因此应以政府特种设备安全规制为主，以企业特种设备安全管理制度为辅。

（三）完整性原则

整合后的管理模式应保证各个组织管理流程的完整性，保证各个组织中管理流程的所有要素都在。

（四）适应性原则

为保证整合成的管理模式具备有效性，应根据各个组织的实际情况进行整合。

（五）动态性原则

整合后的管理制度应该具有显著的管理流程，使其具备客观的动态性。

（六）可操作性原则

整合后的管理制度应该切合企业实际，从而使其通俗易懂，符合一般工作人员的认知水平。

四、整合管理运行模式

为保证整合后的管理模式能有效地实施和运作，使得在各个组织相互促进、相互制约的管理过程中发现缺陷，进而持续做出改进，整合后的管理模式可以采用戴明循环法，从而不断提高安全管理水平。

五、可行性分析

政府和企业在特种设备安全管理方面是规制与被规制的关系，其本身便存在着一些已衔接的部分和契合点，这为整合管理提供了可能性。

六、必要性分析

当前，社会整体对于特种设备的安全管理处于效率低下的状态，如政府规制效果不明显，企业不予以重视，因此将政府的安全规制和企业的安全管理进行一体化整合，将有助于提高整体的管理效率。

第二节　政府安全规制下企业特种设备的管理

在上文阐述并分析了开展整合管理的意义、可行性、必要性等内容后，接下来笔者将基于以上的理论和原则，从特种设备全寿命周期入手，构建企业（特种设备使用单位）特种设备安全管理制度与政府安全规制的衔接机制，并解释企业特种设备安全管理制度的运行方式，为建立政府和企业之间的实时沟通与管理机制提出建议。

一、政府的安全规制

政府主要通过颁布法律法规、发布规范标准的方法，实行特种设备行政许可、检测检验、监察管理、事故应急与调查处理等制度。这就要求企业在建立特种设备安全管理制度和开展特种设备全寿命周期管理时，首先应该识别并获取与特种设备有关的法律法规、标准规范，并及时判断法律法规的适用性，形成法律法规清单和文本数据库，而后将其与本单位的实际情况相结合，转化为本单位的特种设备管理制度和操作规程，通过教育培训的方式传达给特种设备作业人员和管理人员，确保法律法规的相关要求能够落实到位。

二、企业特种设备的设计和制造

设计和制造环节是决定特种设备寿命周期的关键环节。当特种设备在设计之初便具有较高的安全性、节能环保性和适用性，其便能在投入使用后更少地发生故障或事故，降低维修与改造的频率。因此，特种设备使用单位在特种设备设计和制造环节应当做好审查设计和制造单位的资质许可、审查设计文件、特种设备设计之初的风险评价等工作。

（一）审查设计、制造单位的资质许可

根据国家相关规定，特种设备的设计、制造单位应该具有相应的资质许可。因此，特种设备使用单位在考虑新增或更新特种设备时，应该站在市场的角度进行招标工作，并且应严格地评审投标的设计和制造单位的资质与技术条件。对于合格的机构，应形成相关方名录，并从中选择符合自身技术要求且成本较低的设计、制造单位。

（二）审查设计文件

特种设备因为设计缺陷酿成的事故可谓比比皆是，而且造成的损失巨大。审查特种设备设计文件有助于确保设备的合法性、安全性和可靠性，提高设备的性能和质量，遵守相关法律法规和标准，优化设计方案，提供技术支持，预防事故并提升竞争力。因此，对于特种设备的制造和使用单位来说，审查特种设备设计文件是非常必要的。

（三）开展特种设备设计之初的风险评价工作

在设计特种设备之初，进行风险评价工作是非常重要的。这可以帮助企业或单位了解特种设备使用过程中可能面临的风险，并采取相应的措施来控制和降低风险。

（四）做好选型工作

在特种设备设计、制造过程中还应做好选型工作，具体可考虑以下几个因素。

1.适用性

适用性是指特种设备的功率、速度等一系列参数是否符合企业自身的需要。企业在选择特种设备的型号时，不仅要考虑自身的生产实际需要，还要考虑到高功率、速度快的特种设备一般具有更高的安全风险和能耗水平，且要求企业有更强的技术、管理水平。因此，企业在特种设备选型的过程中应从自身实际出发，选定与自身生产需求相对应的特种设备。

2.本质安全性

本质安全性是特种设备在投入生产后确保安全运行的第一条件。在特种设备选型时，应严格审查其材质是否满足设计要求，是否具备预防事故发生的各项安全装置，如安全阀、泄压阀、自动报警器、自动切断动力装置等。

3.节能环保性

节能环保性是评价特种设备的设计是否达标的重要指标之一，它要求特种设备在运行过程中尽可能地减少能源消耗，同时采取措施降低对环境的污染。如今，在工业现代化的趋势下，各行各业都强调节能减排。因此，企业在特种设备选型时，应该优先考虑能耗水平低、噪声和三废排放较少，符合国家有关法律法规规定的特种设备。

4.易维修性

一台设备易维修性的高低通常取决于其设计、制造及维护等多个因素。一般来说，设备易维修性越好，其维修成本就越低，维修时间也就越短。

为了提高特种设备的易维修性，通常会采用模块化、标准化和通用化的设计，这有助于简化特种设备的维修过程并降低维修难度。此外，特种设备的设计应该便于检查和更换易损件，以减少维修时间和工作量。

5.改造性

改造性是指设备在经过改造后，能够提高性能或适应新的应用场景的能力。

改造性的高低取决于设备的可编程性、可扩展性以及适应性等多个因素。一台特种设备改造性越高，就越容易进行升级或适应新的应用环境。

为了提高特种设备的改造性，通常会采用开放式架构和模块化的设计，这有助于简化特种设备的升级和改造过程。此外，特种设备的设计应该便于进行编程和扩展功能，以适应不同的应用场景。

总之，特种设备的易维修性和改造性对于企业的生产效率和成本具有重要影响。选择具有高易维修性和改造性的特种设备，将有助于降低维修成本、提高特种设备的可用性和适应性，从而为企业创造更大的价值。

三、企业特种设备的安装与验收

特种设备使用单位在设备安装试运行阶段需要开展的重点工作是检查负责安装的单位是否具备相应的资质，安装过程是否符合有关技术规范的要求，若检测检验部门发现安装与试运行过程中可能存在安全问题，要及时制定整改措施来消除安全隐患，保证特种设备安全使用。在特种设备的安装调试环节，特种设备需处于全方位受控状态，因此使用单位、安装方和检测检验部门要安排技术人员时刻记录每一项工作程序，确保所记录的数据准确无误，使特种设备顺利通过验收环节，进而投入生产。

特种设备安全调试环节会涉及众多相关方的管理，因此使用方应该对安装方进行符合性评审，最终形成合格相关方的名录，并与相关方签订安全、健康、环保协议，明确双方的责任和义务；对负责安装和调试的作业人员开展安全交底工作，告知作业环境中存在的危险因素，并为其提供相应的个人防护用品。在特种设备的验收环节，企业应与设计、制造、安装等各方以及相关专家和检测检验部门等开展多方验收工作，保证特种设备在投入使用后不出现设计、制造、安装等环节的缺陷。在完成验收后，特种设备使用单位应该检查特种设备是否附有相应的产品质量合格证明、监督检验证明、设计文件、安装及使用维修说明等文件。

四、企业特种设备的运行

特种设备的使用阶段是事故多发的阶段。通过查阅相关资料可知，该阶段特种设备使用单位的安全管理工作主要有：登记建档、教育培训、安全检查和检测检验、制定特种设备安全操作规程、应急管理等。

（一）登记建档

特种设备的登记建档工作是为政府和使用单位提供设备信息的基础工作，其得到了政府部门极大的重视。根据相关法律法规，特种设备在投入使用前或者投入使用后 30 日内，特种设备使用单位应当向直辖市或者设区的市的特种设备安全管理部门登记。使用单位在特种设备投入使用后应完成安全技术档案的建立工作。档案的内容应包括：设计、制造、安装、维修等的技术文件，检测检验和检查记录，设备日常运行情况，维修保养记录，设备故障和事故记录，改造技术文件等。

（二）教育培训

教育培训是使用单位开展特种设备安全管理工作的重要组成部分，作业现场的标准化离不开教育培训工作，其包括特种设备作业人员的上岗技能培训工作，管理人员和作业人员上岗前的厂级、车间级、班组级等三级安全教育培训工作和每年的再培训工作。

根据国家相关规定，特种设备作业人员及监督人员想要从事特种设备的作业或监督工作，应该经国家特种设备安全监管部门培训考核，取得统一格式的证书，并且每 4 年复审一次。

使用单位对于特种设备相关作业人员的教育培训工作应该覆盖班组长、操作员工、管理人员，其上岗前应该接受企业厂级、车间级、班组级的安全教育培训，并且总学时应不少于24学时，每年再培训不得少于12学时。培训的内容应包括特种设备的性能、结构、相关法律法规、安全操作规程、正确佩戴个人防护用品、设备维护保养方式、应急处置方法等。特种设备作业相关人员在应经考试合格后，还应向操作经验丰富的工人学习操作技术，能够独立操作后方可上岗。

企业对于特种设备相关作业人员的教育培训工作可通过建立教育培训管理制度来实现，并且完成教育培训建档工作。

（三）安全检查和检测检验

在使用特种设备阶段，使用单位可通过对特种设备和作业环境的安全检查和相关机构的检测检验技术来确保特种设备的安全运行。特种设备零构件的磨损老化程度是随着其运行时间的增长而加深的，并且其作业环境中出现的危险有害因素也随之增加，最终的结果就是特种设备的运行故障频繁出现，发生事故的可能性随之增大。因此，开展使用单位的自行安全检查工作和相关机构定期的检测检验工作，能准确掌握特种设备在运行过程中的异常信息和作业环境中存在的危险因素，并采取有针对性的措施来消除隐患，从而保证特种设备的安全运行。

1.特种设备使用单位的自行安全检查工作

企业自行开展的安全检查工作是指使用单位在特种设备运行过程中识别人、设备、环境三者存在的危险因素，并制定整改或控制措施，确保特种设备安全运行的管理工作。其安全检查形式包括定期检查和专项检查。使用单位根据检查结果制定的整改措施可包括工程技术措施、管理控制措施、个体防护措施三大类，并可通过对危险因素的风险评估实行分级管控。对于形成的重大危险源应上报政府安全监管部门，并且使用单位可通过建立隐患排查治理和安全风险评估管理机制落实特种设备的安全检查工作，其具体的工作流程可如下所示：组织特种设备管理人员、作业人员开会讨论计划安全检查工作；根据从业人员经验和有关标准，编制安全检查表；开展安全检查，并填写安全检查记录；对所识别的危险源、风险隐患开展风险评估工作；根据评估结果开展风险分级管控工作，并制定整改或控制措施；对整改落实情况进行检验，对管控风险进行持续观察。

2.相关机构的检测检验工作

相关机构的检测检验工作是指相关机构依据相关法律法规和标准规范，利用仪器对特种设备的运行参数和工况进行检验和测定，以识别特种设备是否具备安全性和节能环保性。根据有关规定，特种设备使用单位应当按照安全技术规范的定期检验要求，在安全检验合格有效期届满前 1 个月向特种设备检验检测机构提出定期检验要求，并共同保留检测检验记录。

（四）制定特种设备安全操作规程

特种设备安全操作规程是使用单位做好特种设备作业现场安全管理的保障，其应具备可操作性和针对性。特种设备安全操作规程确保了特种设备作业人员作业的规范性，具体的内容可包括：设备的操作方法、维护保养、安全检查、档案管理等安全管理内容。特种设备安全操作规程的制定程序可如下所示：调查、收集资料信息；组织特种设备相关作业人员开会编制安全操作规程；开展符合性评价；张贴悬挂宣传标语。

（五）应急管理

企业特种设备的应急管理是在发生特种设备事故后，采取有效应急处置措施，防止发生次生衍生事故，减少人员伤亡和财产损失的应急程序。根据规定，企业应制定特种设备专项应急预案和现场处置方案，其中《生产经营单位生产安全事故应急预案编制导则》（GB/T 29639—2020）中明确了应急预案的编制程序和内容。

根据规定，企业应每半年组织一次特种设备安全事故的应急演练和评估工作，从而检验应急预案是否具备针对性、适用性和可操作性。应急预案和评估标准可分别依据《生产安全事故应急演练基本规范》（AQ/T 9007—2019）和《生产经营单位生产安全事故应急预案评估指南》（AQ/T 9011—2019）进行编写。

五、企业特种设备的维修与改造

特种设备在长期运行的过程中，由于零部件会有磨损等现象，其动力性能、安全可靠性等都会随之下降，甚至引发安全事故。因此，特种设备的日常、定期维护工作，以及根据特种设备零部件工况、故障情况开展的维修与改造工作是确保特种设备安全运行的重要途径之一。

（一）特种设备的维护管理

为了维护特种设备的性能和工况，使用单位通常采取一系列特种设备维护方式，包括擦洗、清扫、润滑等日常维护和定期维护工作。这些维护工作对于确保特种设备的正常运行和延长设备使用寿命具有重要意义。

（二）特种设备的维修管理

根据有关规定，使用单位的特种设备维修工作应该交由具备相应资质的维修机构进行。但是由于维修时特种设备处于非正常工作状态，平时未出现的危险有害因素可能会在维修时暴露，因此使用单位在特种设备的维修阶段应与维修方签订协议以明确双方责任，对维修方人员开展教育培训工作，告知其可能存在的危险因素和设备平常的工况，并为其配备个人防护用品。

在开展特种设备的维修工作之前，使用单位还应同维修方一起制定维修方案，具体过程如下。

维修前的准备工作：明确维修的内容和职责；根据维修的内容辨识危险因素；对所辨识的危险因素进行评估；制定管控措施；进行技术交底；制定维修方案。

维修时的安全管理：检查维修现场的安全技术措施和个体防护用品的佩戴情况；安排维修与现场管理工作同时进行。

维修后的总结：由维修方总结特种设备出现故障的原因和平时应该注意的操作要点。

（三）特种设备的改造管理

当特种设备出现工况性能极差、安全可靠性极低、高耗能、高排放、污染环境等情况时，使用单位就要提出对特种设备实行局部改造的要求。根据国家有关规定，特种设备的改造工作应该交由具备相应资质的机构进行，其具体的改造方案需由使用单位与改造方进行严格的分析与审查。

六、企业特种设备的报废处理

当特种设备超过规定使用年限，或事故风险极高、维修改造价值极低时，使用单位应当及时报废和拆除特种设备，并及时向原登记单位办理注销手续。对于报废或拆除的特种设备，使用单位应该贴上报废标识，并做好安全处置工作，避免出现安全事故。

七、企业特种设备安全管理制度的运行管理

企业特种设备安全管理制度是安全标准化的重要组成部分，其运行应该与企业安全生产标准化同时进行。特种设备安全管理制度的运行程序也从确定生产目标与生产方针开始，包括机构设置和职责划分、制定并执行制度、评审等环节，最后做到持续改进。各个环节的运行要求如下所示。

（一）确定生产目标与生产方针

企业每年年初都会根据去年的安全生产总结报告以及现在的生产实际情况确定企业安全生产总方针和与特种设备安全生产有关的目标。同时会将特种设备安全生产的目标进行层层分解，交由各个部门合作完成。

（二）机构设置和职责划分

企业特种设备安全管理制度的运行首先要从机构设置和职责划分入手，只有合理设置机构和划分各个部分的职责，才能避免多头领导或缺乏管理等问题的产生。由于特种设备安全管理制度更注重设备的安全性，因此其主管部门应该是企业负责安全生产管理的部门。

（三）制定并执行制度

企业在制定特种设备安全管理制度时应全面阅读有关法律法规、标准规范，并结合企业实际情况，使所制定的制度具备适用性、针对性和可操作性。在特种设备安全管理制度的运行过程中，要注重管理人员和作业人员的教育培训工作，使管理、作业人员更加了解并掌握制度的内容。在制度执行的过程中，采取痕迹化的管理方式可以提高管理、作业人员的工作效率和质量，促进制度的贯彻和执行。痕迹化管理是通过科技手段，如监控摄像头、电脑软件等，对

企业内部员工的工作行为进行实时监测、记录、分析和评估的一种管理方式。它的目标是提高员工工作效率和工作质量，减少违法违规行为，并促进企业的可持续发展。将这种管理方式应用于制度执行的过程中，可以有效地跟踪和掌握每个员工的工作情况，及时发现和解决问题，同时也可以提供可靠的依据，以便对员工进行公正的评价和激励。此外，痕迹化的管理方式还可以促进企业文化的建设，推动员工之间的沟通和协作，增强员工的凝聚力和归属感。通过不断地优化和改进管理制度，企业可以更加规范化、科学化、高效化地运转。

（四）评审

企业特种设备安全管理制度的运行情况应该与企业安全标准化建设情况一同进入评审。评审可分为内部评审和外部评审。内部评审是企业内部评审员与相关评审专家一同对企业制度运行情况进行的审核，可分为作业现场审核和记录文件审核。对于内审中发现的问题，企业应根据自身实际进行整改，努力向标准化迈进。而外部评审是企业在自评达标后申请的由安全管理部门组织专家对企业开展的安全标准化评审。

（五）持续改进

对于企业特种设备的安全管理而言，没有绝对的安全，企业只有通过不断地改进安全管理工作，才能保证生产过程的相对安全。因此，企业应该不断提高安全管理水平，树立更高的安全目标，以求达到持续改进。

八、第三方组织参与监督

政府特种设备安全监察部门在实行安全规制的过程中容易出现管理力量缺乏的问题。因此，我们建议政府有关部门应积极推进第三方组织参与到对政府安全规制的监督和企业特种设备安全管理等工作中。其实现形式如下所示。

政府在对使用单位实行安全规制的过程中，利用电子信息技术将非涉密信息公开化，供社会人员或组织阅览和提供意见，以保证政务的透明化和管理方式的多样化。

加强特种设备行业协会的技能培训工作，力求特种设备行业协会具备对企业特种设备安全管理开展监督和设备检测检验的能力，从而承担起特种设备低风险企业的安全监察工作。

加大力度推进安全生产责任保险全覆盖，把保险公司作为经济利益相关方，使其参与企业特种设备安全管理工作。

利用市场激励的方式，如开展企业安全生产标准化评比会议，使企业能够借此提高品牌知名度，获取市场优势，进而使企业加强特种设备的安全管理工作。

九、通过物联网实时沟通与管理

政府和企业之间的安全信息不对称也是导致政府安全规制失效和企业产生负外部性的原因之一。因此，在企业特种设备安全管理制度和政府安全规制衔接机制的构建中要注重网络信息技术的应用，通过物联网的应用，实现特种设备安全信息体系的建立，使得企业可通过互联网向政府部门传输特种设备运行数据和安全管理等信息。同时，政府部门在接收到信息后对其进行处理，辨识信息的真实性和有效性，并将所有企业的信息数据进行汇总，形成一个特种设备安全信息库，最终实现特种设备安全信息的共享，使企业能够在第一时间识别、获取与特种设备有关的法律法规、技术标准，特种设备故障处理技术，特种设备事故应急处置措施等信息。

对于企业通过互联网的方式向政府部门提供特种设备安全信息和获取政府部门分享的特种设备安全信息，可通过制定有关管理规定实现。

第三节 政府安全规制下企业特种设备安全管理制度合规性评价

特种设备的安全风险评估工作是维持特种设备处于安全作业环境中的一项管理工作。企业在特种设备安装、运行、维修改造期间，可开展安全检查工作，对危险源或安全隐患先进行风险评估，而后根据风险评估的结果采取分级管控措施。

一、层次分析法

（一）层次分析法简介

层次分析法是一种将定性问题转化为定量评估的分析方法。其广泛应用于社会、经济或自然科学等领域。层次分析法通过对两个关联指标进行比较的方式来进行决策分析。在层次分析法中，通常需要构造一个判断矩阵，判断矩阵中的每个元素表示两个因素之间的相对重要性。通过计算判断矩阵的特征向量，可以得出每个因素相对于另一个因素的相对重要性排序。

（二）层次分析流程

1.明确问题

首先需要明确所要解决的问题，并确定需要分析的因素。

2.构建层次结构

将问题中涉及的因素按照其重要性进行分层，形成一个阶梯形的层次结构。通常情况下，层次结构包括目标层、准则层和方案层。

例如，我们可以将一项决策的问题分为三个层次：目标层（问题的目标）、准则层（影响目标的因素）和方案层（解决问题的方案）。

3.构建判断矩阵

在确定了层次结构后，需要比较同一准则下不同因素之间的重要性，从而构建出判断矩阵。判断矩阵是指将同一准则下的因素两两比较，用 1～9 级或其倒数表示比较结果，从而形成的一个方阵。

例如，对于准则层中的每个因素，比较其下的各个方案对其的重要性，得出准则层的判断矩阵。

4.进行层次单排序

层次单排序是指将某一层次的因素按照其重要性进行排序，即计算每个因素相对于上一层次的重要性得分。

例如，对于方案层中的每个方案，计算其相对于准则层中每个因素的得分，得出方案层的得分矩阵。

5.进行一致性检验

为了避免出现逻辑上的不一致，需要进行一致性检验。一致性检验是通过计算一致性指标来进行的，以检查每个层次的因素之间的一致性程度。

例如，对于准则层中的每个因素，检查其判断矩阵的一致性，以确保准则层的逻辑一致性。

二、特种设备安全管理制度合规性评价的意义

政府安全规制下企业特种设备安全管理制度合规性评价的意义在于：①有助于识别和预防特种设备使用过程中的潜在风险，提高设备的安全性，从而降低事故发生的概率。②确保企业特种设备达到国家及地方的安全标准，满足法律法规的要求，保障公众的生命财产安全。③为企业提供特种设备安全管理工作的指导和规范，促进企业安全管理水平的提升。④发现并纠正特种设备使用、保养等方面存在的危险源，从制度上消除物的不安全状态。⑤通过对特种设备安全管理制度的合规性评价，帮助企业优化安全管理流程，提升安全管理效率。⑥有利于增强企业的社会责任感，提高企业的社会形象和声誉。

三、企业特种设备安全管理制度合规性影响因素分析

企业特种设备安全管理制度是以系统的模式运行的，其从人、设备、环境、管理四个方面入手进行管控，从而确保特种设备安全有序地运行。因此，这里将从人、设备、环境和管理这四个方面入手，分析影响该管理制度合规性的因素。

（一）人的因素

安全教育培训的合规性，表现为企业特种设备安全管理制度对管理人员和作业人员所标明的安全教育培训在时间、内容和人员技能的掌握程度是否能够

达到法律法规的要求，其可以用员工的入职三级安全教育培训的时间、每年的再培训时间是否分别达到 24 学时和 12 学时，培训内容是否齐全，人员是否通过考核加以衡量。

持证上岗的要求，表现为企业特种设备安全管理制度对特种设备作业人员全部持证上岗的要求。

人员配合的水平，表现为企业特种设备安全管理制度对管理人员和作业人员之间的配合是否有具体要求。

（二）设备的因素

设备设计和制造时的要求，表现为特种设备安全管理制度在设备设计与制造时是否明确要求审查设计、制造和安装方的资质，是否要求应结合企业实际情况选取具备适用性、安全性、节能环保型设备，是否要求开展设备的安全风险分析和评价工作。

验收及登记建档，表现为企业特种设备安全管理制度是否明确要审查设备在设计、制造和安装阶段遗留的安全问题，以及是否要求及时完成登记工作和完备建档工作。

设备的维护保养，表现为企业特种设备安全管理制度是否明确规定设备维护保养的方式、周期，以及将维护保养的工作纳入管理制度中。

检测检验的要求，表现为企业特种设备安全管理制度是否明确规定检测检验的周期。

维修和改造过程中的要求，表现为企业特种设备安全管理制度是否明确规定设备在维修过程中应采取的安全措施。

（三）环境的因素

作业环境的安全水平，表现为企业特种设备安全管理制度是否要求通过建立安全风险评估和隐患排查制度，确保特种设备作业环境的安全。

安全信息的获取环境，表现为企业特种设备安全管理制度是否明确规定获取关于特种设备安全外部信息的渠道，如相关的法律法规、标准规范，特种设备技术数据和事故数据。

接受监督管理环境，表现为企业特种设备安全管理制度是否要求自觉接收政府有关部门管理或接收第三方组织监督。

（四）管理的因素

岗位责任制，表现为企业特种设备安全管理制度是否明确要层层签订岗位安全责任书。

应急管理，表现为企业特种设备安全管理制度对于建立具备可操作性的专项应急预案和开展应急演练的频次和评估是否有明确要求。

相关方的管理，表现为企业特种设备安全管理制度是否明确规定相关方管理的内容，如建立合格供应商名录、开展合格供应商评审工作等。

四、建立特种设备安全管理制度合规性评价指标体系的原则

为确保所建立的评价指标体系在使用过程中能取得良好的效果，必须遵循以下几条原则。

科学性原则。特种设备安全管理制度合规性评价指标体系不仅要全面反映制度运行的内容，还需要从科学的视角掌握评价的实质，对企业特种设备安全管理的内容进行抽象的概括和总结，分析其特点，揭示其规律。

系统性原则。特种设备安全管理制度囊括了众多特种设备全寿命周期的管

理要求，这些要求之间存在着某些关键节点，形成了一个有机的管理系统，因此所建立的评价体系必须具备系统性。

可操作性原则。所建立的特种设备安全管理制度合规性评价体系应该便于定量化分析且简单明了，每个指标应该是可观、可测和可比的。

针对性原则。因为构造的要素不一样，其规律也不同，所以在建立特种设备安全管理制度合规性评价体系时，应具体问题具体分析，使所设置的指标具有针对性。

五、特种设备安全管理制度合规性评价指标体系的建立

根据层次分析法的原理，我们可以建立企业特种设备安全管理制度阶梯型评价指标体系，该体系由目标层、准则层和方案层构成。

在构建评价指标体系时，需要注意以下几点：①目标层是核心，准则层是支撑，方案层是具体实施方案，三者之间要相互协调、相互促进。②评价指标体系要具有可操作性和可量化性，以便于实际应用。③评价指标体系要不断更新和完善，以适应不同时期的安全管理要求。

参 考 文 献

[1] 白长山，邹莹莹. 特种设备检验及安全管理中存在的问题及强化措施[J]. 民营科技，2017（6）：73.

[2] 北京铁路局编. 特种设备基础知识与安全操作[M]. 北京：中国铁道出版社，2014.

[3] 陈中伟. 对特种设备检验检测的安全管理探究[J]. 石化技术，2022，29（2）：237-238.

[4] 孟群轩. 特种设备检验检测的安全管理分析[J]. 科学与信息化，2023（9）：180-182

[5] 高勇. 机电类特种设备检验及安全性分析[M]. 西安：西北工业大学出版社，2017.

[6] 谷荣生. 探讨特种设备检验机构在特种设备安全管理方面的作用[J]. 中国设备工程，2022（15）：140-142.

[7] 郭泳君. 试论内部规范化管理提升特种设备安全监察能力[J]. 中文科技期刊数据库(全文版)工程技术，2021（7）：240-241.

[8] 韩晶，郭倩，隋娟. 论特种设备检验机构在安全管理中的作用[J]. 内蒙古石油化工，2018（3）：58-59.

[9] 霍强. 浅谈特种设备检验检测的安全管理[J]. 中国设备工程，2021（18）：142-143.

[10] 江书军. 基于风险的特种设备使用单位安全分类管理研究[M]. 北京：中国时代经济出版社，2014.

[11] 蒋红晖. 自轮运转特种设备：起重设备与装卸作业[M]. 北京：中国铁道

出版社，2013.

[12] 蒋军成，王志荣. 工业特种设备安全[M]. 北京：机械工业出版社，2009.

[13] 金樟民. 机电类特种设备实用技术[M]. 北京：机械工业出版社，2018.

[14] 井德强. 机电类特种设备质量监督概论[M]. 西安：西北工业大学出版社，2017.

[15] 李培娟，索宁宁. 浅谈特种设备检验检测的安全管理[J]. 中国设备工程，2019（8）：75-77.

[16] 李晓伟，王囡囡. 探讨特种设备检验检测的安全管理[J]. 科技风，2014（3）：212.

[17] 辽宁省安全科学研究院组编. 特种设备基础知识[M]. 2 版. 沈阳：辽宁大学出版社，2017.

[18] 刘斌. 浅议特种设备检验检测的安全管理[J]. 中国设备工程，2022（13）：135-137.

[19] 路晓雯，张玉军，芦广超. 浅析特种设备检验检测人员的安全管理及防范措施[J]. 中国设备工程，2017（21）：42-43.

[20] 裴渐强. 承压类特种设备安全与防控管理[M]. 郑州：黄河水利出版社，2021.

[21] 王爱香. 电梯安全管理[M]. 石家庄：河北美术出版社，2016.

[22] 王镇，刘大鸿，周拥民. 特种设备现场安全监督检查工作手册[M]. 北京：中国质量标准出版传媒有限公司，2019.

[23] 魏治杰，周吉军. 浅谈特种设备检验检测的安全管理[J]. 中国设备工程，2020（17）：169-170.

[24] 谢永志. 化工特种设备检验检测人员的安全管理及防范措施[J]. 化工设计通讯，2018，44（5）：124-125.

[25] 杨明涛，杨洁，潘洁. 机械自动化技术与特种设备管理[M]. 汕头：汕头大学出版社，2021.

[26] 杨申仲. 特种设备管理与事故应急预案[M]. 北京：机械工业出版社，2012.

[27] 余伟胜. 特种设备检验检测的安全管理[J]. 中国设备工程，2021（1）：176-177.

[28] 张健，梁学栋，张元榕. 特种设备事故隐患分类分级管理[M]. 成都：四川大学出版社，2014.

[29] 张立科，张国强. 浅谈特种设备检验检测的安全管理[J]. 中国金属通报，2019（10）：178，180.

[30] 赵霄雯. 机电类特种设备安全管理与分析[M]. 长春：吉林科学技术出版社，2021.